HOW TO THINK STRATEGICALLY

思考 策略

Sharpen Your Mind, Develop Your Competency
Contribute to Success

一種稀有又精湛的心智工作原則

葛雷格‧吉森斯 Greg Githens 著
田詠綸 譯

各界推薦

此書提供了能助你成為有影響力的策略思考者所需的一切工具和洞見。很棒的書！
——暢銷書 Strategy Execution Heroes and The Execution Shortcut 作者耶倫‧弗蘭德（Joroen De Flander）

《策略思考》無疑是我讀過最受用的書之一。葛雷格帶領讀者一步步瞭解策略思考的大小技能，引導讀者精進思考，遠離乏味與空泛的思考。無論是在事業或個人生活，葛雷格將帶你踏上周全思考的旅程。任何希望建立起超越創意性、批判性、系統性思維的技能與視野的人，此書不可或缺。
—— The Adept Group 總裁暨執行長保羅‧歐康納（Paul O'Conner）

傑出的策略思考者需要傑出的策略思考技能。《傑出策略思考》能幫助讀者達成此目的。此書提供了能助你成為有影響力的策略思考者所需的一切工具和洞見。很棒的書！
—— 策略家暨暢銷書 Strategy Execution Heroes and The Execution Shortcut 作者耶倫‧弗蘭德（Joroen De Flander）

在這個專注於數據分析、金融模型和投資報酬率的世界，策略性計劃的人為面向往往遭到貶謫或忽略。吉森斯的《策略思考》提升了個人領導與品德對於睿智決策、買進投資以及執行的重要性。舉例而言，在充斥不確定的時空下做出艱難決定時，「全意投入」的特質與「勇氣」這項精微技巧是不可或缺的。關注這項人為面向能促使複雜組織進行有效的規劃並邁向成功。
——物理學教授暨大學校長格雷戈里‧克勞福德（Gregory P. Crawford）

《傑出策略思考》能對組織內各階層領導者帶來啟發。吉森斯強調的力量是，個人要找尋並理清微弱信號，利用這些為信號創造強大的洞見。他的方法能帶來令人耳目一新的效果，建立一條引領學習，並加強特定能力、成為高效且具影響力策略思考者的途徑。對於任何想要增強策略思考能力的領導者來

說，這是本必讀好書。
——五間公司的董事成員、退休執行長、企業主比爾·布萊克摩爾（Bill Blackmore）

請盡速取得此書！此書實用、精闢且平易近人。吉森斯擁有拆解策略、以及挑戰長久正統觀念的膽識和經驗。在未來的日子裡，我都打算把這本書帶在身邊！
——全球人力資源副總梅茲·吉利斯博士 (Mazy Gillis)

我在一間公司身兼策略長和營運長，所以葛雷格提出的策略性及營運性這兩種思考地圖，讓我特別有共鳴。雖然兩者對於組織的成敗皆至關重要，但是辨清自己處於兩者中的何種、不將兩者混淆，也同等重要。若等閒視之，對策略和營運都有害。此外，葛雷格針對研擬策略時「模糊性」這項關鍵元素，有令人大開眼界的著墨。這點真正體現了策略思考的真諦。策略思考並不等於匆促地擬定策略（策略一詞時常遭誤用）。做得好！
——專業工程師、SSOE 集團營運長文森·P·迪普菲（Vincent P. DiPofi）

葛雷格·吉森斯的策略思考方法，提供了豐富的實用建議，能使即便是最資深的策略者受益，學習如何以清晰的邏輯及強大的自我意識，在這個時常渾沌、紊亂的世界裡思考。吉森斯的文字極為明快、直接，因此讀者會感覺他的洞見就像常理般，是自己早已明瞭的事。但別被騙了：此書充滿幽微且時常與直覺相違的洞見，若細心閱讀便能體會。舉例而言，透過作者的建議，讀者能學習到「概念地圖」這項精微技巧，以及如何透過「貶駁」管理所謂的正統觀念，而對這些觀念有更深入的瞭解。雖然策略的最終對象是組織，不過此書的價值在於賦權於個體——即我們每個人——使我們更勇敢、卓絕，並在推動『改變』這項時常令人恐懼、生畏的任務時，能更充滿信心。
—— Prescient（原為 Strategic Narrative Institute）執行長艾美·莎曼博士（Amy Zalman）

CONTENTS

前言

關於好書，重點不在於你讀了多少本，而是有多少本能觸動你。
—莫頓·阿德勒（Mortimer J. Adler）

主要概念

　　策略思考是一項個人能力——這即為本書的核心。能幹的人能瞭解情勢並合理應對。這種人很精明：她會努力辨識幽微的相關資訊、發想出選項、以證據支撐其邏輯推演。[1] 她對於遵從常規、正統觀念和預測持懷疑態度。

　　作為能幹的策略思考者優勢顯而易見：你能為既有的組織做出貢獻、投入新領域、將自己推向成功。我會告訴創業家說：「策略思考將決定你是否能熬過起步的前幾年。」我告訴非營利和慈善組織的主管：「策略思考將決定你能帶來多大的影響、做多少好事。」我告訴中階管理人：「策略思考能讓你升遷！」當你展現你是能幹的策略思考者時，別人將以尊重和成長回報你。

　　所有人都想被視為能幹的人，若被貼上無能的標籤，會感到難堪。由於將人貼上「無能」的標籤多少是不留情面且無禮的，我建議最好用「平庸」作為「能幹」的對比。平庸的策略思考者在面對情勢時，會安於過度狹隘的理解、偏好簡單的問題和明顯的答案、依賴本能和直覺、願意接受第一個出現的合理解釋，並能容忍「我忙到沒空思考某事」這種藉口。

---

1. 我在全書中在指涉個人時，將一律用「她」作為代名詞。雖然書中的例子以男性為主，但我誠心相信女性完全有能力在策略思考上出類拔萃。

預期新的未來情境

好的個人策略思維是好的策略的導因，兩者關係直接密切。策略思考在質和量上的任何進步，都能使組織和其利益相關人受惠。

策略是個很重要的主題，它影響各類機構、投機事業、以及任何規模和取向的事業：大公司小公司、軍隊、政府機關、非營利組織、教會、學校、慈善組織，和新創公司。

風險處處皆是。我喜歡提醒大家 risk 的中文「危機」一詞，是由「危險」和「機會」所組合起來的。未來肯定會有別於今日；無論何時何地，策略思考者都要接受混亂的可能以及新興機會的裨益。

策略思考稀有珍貴

求職網站上有數以千計的工作都表明求職者必須能策略思考。組織顯然很看重能自主思考的人才，並期望他們成為第一線主管、高階經理、甚至董事會成員。

能幹的策略思考者是常規的例外──這就是他們很稀有的原因。組織發展的挑戰之一，是要意識到主流文化通常不鼓勵人們偏離常規。所有才有那句陳腔濫調：凸出的釘子會被槌。

你必須有策略地發想該如何發展並練習策略思考。有句話讓許多人感到心安：沒有人需要知道你在策略思考。你在盡日常責任的同時，可以研究情勢、預期未來，並發揮想像力。

有意義的學習

若要感受被書本觸動的喜悅，你必須真的去讀書。許多人都放任於日文「積ん」的狀態──這字詞形容收集書，但不讀書的行為。一本能觸動你的書能挑戰並改變你的世界觀。

有意義的學習[2]的前提是，個體踏入某個情境中時，已經具備基本知

---

2. 欲瞭解更多有意義的學習以及學習與記憶架構的資訊，請見心理學家 David Ausubel 的著作。http://www.davidausubel.org/index.html.

識了。當學習者能在既有的知識上增添新知識，抑或是修改或辨清自身思緒的概念架構，她就等同在學習。

舉個例子。當你開車上路時，你會預期遇到阻礙，也會預測其他駕駛的意圖。這類的現實經驗給了你相關知識的基礎。本書將介紹策略思考的概念如敏銳度、期望和同理心，某些人可能會把它們視為孤立的抽象概念；有意義的學習純粹就是將你的基礎知識與新概念連結起來，建立起相關性。

回到開車的例子，回想你被某個駕駛超車或無禮對待時的感受。我希望你有克制住情緒，並把專注力放在安全、有禮的駕駛責任上。同樣地，策略思考者必須有能力迴避怒意以及其他會損害決策能力的心理狀態。

以下簡短列出其他現實生活中具策略思考形貌的概念：

- 你體驗過設計良好與設計差勁的建築、產品。
- 你曾表達對過度自信、衝動的人的懷疑。
- 你曾設立目標，也曾朝著別人設定的目標和目的努力。
- 你知道科學家和記者投入大量精力發掘新事實。
- 你曾應徵工作、申請升遷，也曾雇用和提拔他人。
- 你曾觀察別人玩遊戲和競爭，也曾經參與其中。
- 你曾在決策過程中評估情勢。
- 你讀過或聽過別人的預測。
- 你曾經下注和投資。
- 你參觀過博物館。
- 你知道一些故事。

以上這些都不完全算是策略思考，但都可作為策略思考行為的實用類比。

學習不全然只是汲取新知識，其中也包括排除誤解。有意義的學習者最大的挑戰，往往是要掃除曾經學習過、但並不成立的規則、工具，和假設。請留意關於「混淆目標設定與策略」的討論，其為一例。

請細細讀這本書，尋找與你切身相關的例子和問題，會有所回報的。你的個人能力和掌控力會提升，進而為人生的所有領域帶來好處。

本書用意

我有意讓本書達到實例與應用，以及原則與理論的平衡。我精簡每章的篇幅、盡量使用熟悉的詞彙和例子，並運用圖示闡述概念。

書名的「如何」兩字（譯註）並非是要承諾提供規範式、步驟式的方法。反之，我將透過架構和例子引導讀者，因為我明白，有意義的學習的應用與工具的使用是相輔相成的。

譯註：本書英文書名直譯是「如何策略思考」

本書有兩部分。第一部題名為「策略思考的本質、目的、範疇」，共九章，它將透過實證，建構基本概念和原則。

第二部題名為「精通自我與人際掌握」，共四章，它將幫助你精進觀點及技能。其中討論的議題包含對自我與他人的信任、自信心、對自我想法和行為的調節、影響他人的方式、高品質的對談，以及領導的勇氣。

此書包含六個附錄，皆提供實用的補充資訊，包含統整的關鍵概念（如精微技巧和策略思考地標）清單。

關於作者……以及他的觀點

本著非正統思維的精神，我將用第一人稱書寫以下作者簡介。我書寫的本意是要勾動讀者，而非顯耀自己。希望讀者能在這種非傳統的方式中看到我真切的態度。

我十分有幸能在多種類型的機構中擔任員工及顧問，這些機構包含：快速成長的創業公司、家族企業、大型公司、政府機構、軍事機構、大學、非營利社團，以及專業組織。我曾與組織高層與第一線人員合作。

在我的專業職涯中，擔任解說者和教練是讓我最滿足的事。當學生應用所學為世界帶來正面的影響，那會令為人師的我們感到莫大的滿足。

所有影響我策略思考的事情中，在金融市場中頻繁參與選擇權交易（更確切地說，我參與的是買權和賣權的買賣）是其中一件較有趣的經驗。大多數的交易都有獲利，但有些沒有。我從中學到最重要的一課是如何管理自己的思考習慣。

書籍簡介的慣例是會列出作者以往的出版作品。我確實也曾經出版過著作，而我從中學到最重要的一課是，有洞見的文字反映了良好、有洞見的思考。若你想要精進策略思考能力，就要分享自己的點子：多書寫、多公開發言，並使用社群媒體。

葛雷格‧吉森斯（Greg Githens）
美國佛羅里達州 Lakewood Ranch
GregoryDGithens@cs.com
Twitter: @GregGithens
LinkedIn.com/in/greggithens/

策略思考的本質、目的、範疇

Part 1

The Nature, Purpose, and Scope of Strategic Thinking

第一部將描述策略思考的本質、目的與範疇。你將會學到，策略思考不是由附屬系統組成的系統，而是以寬鬆方式整合的概念群。我建議依序讀以下九章，因為前面的章節建構了原則和實例，並在接續的章節中進一步發展。

第一章（你有策略思維嗎？）

介紹模糊性這項在研擬策略時常常被忽略的關鍵挑戰。我將介紹策略思考的敘事技巧，並將其應用在比利・比恩（Billy Beane）和魔球（Moneyball）策略上。這種敘事揭露了下列行為的重要性：正視困窘情勢、好奇地追求新的策略邏輯、在執行計畫時協調組織。本章以鼓勵讀者採取初心者的心態作結。

第二章（精明策略）

本章說明，運用諸如「良好」或「精明」等形容詞，能有助人們更適切地定義策略所需的特質。我將回頭講述比利・比恩的魔球策略，並點出那是精明的策略，因為該策略使一個虛弱的組織達成卓越的成就。我將介紹本書中最受歡迎且有效的一項工具之一──五部分策略書寫模板。

第三章（大概念）

以哥倫布（Christopher Columbus）的策略思考敘事為例，揭示高明的策略思考的基本原則，其中包括：策略思考的四大支柱與四大X因素的定義，以及使哥倫布成功實踐遠大抱負的六個值得學習之處。

第四章（策略思考的十二項精微技巧）

介紹一系列具體的概念性技巧。把策略思考的精微技巧變成習慣後，策略思考能力就有所成長。假使你只採取本書的一項建議，那麼我會建議你效法班傑明・富蘭克林（Ben Franklin）的方法，每週挑出一項精微技巧練習。

第五章（策略思考罕見的原因）

解釋策略思考之所以罕見，是因為人們往往專注在營運思考地圖上。主流文化加深了這種專注。這造成營運思考推擠了策略思考的空間。若想精進策略思考的能力，就要朝著「核心挑戰、未來、洞見」這些導引指標前進。本章介紹「貶駁和逆勢主義」兩項精微技巧，它們能幫助你與營運思考地圖保持距離。

第六章（策略的模糊前端）

介紹策略漏斗這項三階段的架構。第一階段是策略的模糊前端，涉及察覺和詮釋微弱信號。策略者接著需要進行意義建構與合成，藉此建立一套對於當前形勢的想法。第二階段是結構化後端。在此階段中，策略者會確認核心挑戰（即策略中的主導思想），並擬定策略決策。第三階段涉及計劃擬定，運用資源和方法去解決核心挑戰。此章將介紹「高品質提問與歸納推理」兩項精微技巧。

第七章（未來的潛力地帶）

介紹的概念是，你可以在當下尋找到在未來具重大意義的微弱信號。我們在當下認為奇異的事物可能會主宰未來系統。此章會討論實用的三種視野架構，用以描述未來系統的質性變化動態。此章介紹「期望」之精微技巧。策略思考者必須將思考導向未來並思考預期假設。

第八章（策略性決策）和第九章（洞見的激發）

本章將談及路易士·葛斯納（Lou Gerstner）的策略思考敘事，以及他擔任 IBM 執行長時的作為。在他的領導下，該公司得以翻身和轉型。第八章解釋策略性決策和戰術性決策的標準，並把葛斯納不分拆 IBM 的決定作為策略決策的例子。此章另說明一個書寫策略的例子，那是使用類似第二章介紹的五部分樣板寫成的。洞見是策略的秘密成分，而第九章說明了其機制。此章也將介紹「重新框架」的精微技巧，並提出幾項能幫助讀者提升洞見的質與量的建議。

第一章

你有策略思維嗎？
策略思考的本質、目的、範疇

Are You Strategic?

最重要的事，是發掘最重要的事是什麼。
——鈴木俊隆

問：有哪一項策略特質是我們必須瞭解，但卻被大多人（甚至是策略專家）忽略的呢？

答：模糊性。

模糊性（ambiguity）的拉丁字根帶有游移、不確定性，與多重意義的意思。圖 1-1 即為模糊性的一例 [3]。許多人稱此圖片為「小姐與老婦」。這是平面設計中眾多奇異有趣的形式之一，稱作圖畫模糊性（pictorial ambiguity）。有些人只看得到老婦，有些則只看得到小姐。（提示：小姐的目光迴避觀者，而老婦則眼朝下方看。小姐的下巴是老婦鼻尖。）模糊性需要花精力才解得開。

圖 1-1. 圖畫模糊性一例。你能看見兩張臉嗎？

另一個模糊性的例子是文字中的多重定義。舉三個字母的字 run 和 set 為例，兩字必須置於句子和段落的脈絡中才能被理解。策略一詞也具模糊性。許多人對策略的定義都有些偏頗，例如將其視為：戰術的反義、目標的同義詞、達成目標的步驟、與組織日程表連動的進程、計畫、方法等等。

模糊性是策略本質上的一環。從創業家的觀點來看，模糊性是機

---

3. 這張威廉・伊利・希爾（William Ely Hill）於 1915 年發表的圖畫名叫「我的妻子與我的岳母」（My Wife and My Mother-In-Law）。

會與競爭優勢的來源。舉例而言，當年年輕的史蒂夫・賈伯斯（Steve Jobs）造訪全錄公司（Xerox Corporation）在加州帕羅奧圖（Palo Alto）的實驗室，見到了現今大眾熟悉的電腦滑鼠及圖形介面的原型。他察覺該科技的潛力，並將其概念融入蘋果新系列的電腦裡。

雖然信號四面八方傳來，但人們不知道該忽略或賦予重大意義。政府經濟報告數據指的是一個趨勢的開始還是終結呢？新科技會不了了之還是顛覆現狀？信號是威脅、機會，或兩者皆是？新任執行長會採取她在前任公司的作法嗎？

人們有時會從忙碌的生活中抽出時間思考以上的問題。然而，多數人把注意力擺在簡單、立即、非模糊的事物上時，會感到比較自在。換句話說，多數人（包括經理和執行高層）處理模糊性的方式大多是忽略。忽略的原因很明顯是：模糊性是很消耗腦力的。想想你對圖 1-1 的反應。如果你和大多數人一樣，你看到其中一張臉後，就會允許自己把注意力移往別處。

回到賈伯斯的例子。全錄公司總部的執行高層原可選擇發展其發明，但卻只專注於既有營運。他們沒有看見潛力。或許全錄的高層只見到圖 1-1 中的其中一張臉，而賈伯斯兩張臉都見到了。

易變性、不確定性、複雜性、模糊性（volatility、uncertainty、complexity、ambiguity，以下簡稱 VUCA）是一項時常用來描述策略情勢中固有的不定性及動態性的架構。（附錄 A 中提供了更多關於 VUCA 的資訊。）策略者必須考量 VUCA，並能夠區分其與傳統目標導向計劃的不同。

要解決模糊性，有個直接了當的技巧：定義詞彙。就這點來說，我必須接著解釋策略思考中的兩大觀念的定義，即「能力」與「策略」這兩個詞。

能力

本書的一大概念是，策略思考是一項全然個人的活動，而每個策略思考者都可被分類為有能力或沒能力。有能力的人 4 會具備理解情勢、

採取合理行動的本領與能力。我們來拆解其三大組成要件。

個人本領。眾所皆知，每個個體都是獨特的。每個人都有各自的人生經驗、教育背景，和處理人事物的風格。人們的好奇心、分析力、胸襟、創意，和紀律，都有程度的不同。策略思考是一種心智習慣——一種反映個人觀點的心智立場。

有能力的策略思考是一項個人特質，無關乎個人在組織裡的位階。這是個賦權的概念，因為這代表組織中每個人都能發展出自身的心智習慣，以或大或小的程度，為組織的策略與營運做出貢獻。

成為有能力的策略者的過程中，通常會碰到雙重阻礙：人們會自然傾向輕鬆的腦力工作，而主流文化也會帶來重大影響。忽略模糊性就是人們傾向輕鬆的腦力工作的一例。組織文化是維持現況的一股強大力量，而且也會制約個體的作為。要克服正統、教條、平庸的作為，需要耗費大量精力。任何人出現違背規範的作為時，都有可能遭致嘲諷、羞辱，或放逐。

所幸，進步的組織在促進策略思考時，會看重領導力、創新力、多元性、明智的判斷力、合作，與賦權。不幸的是，傳統上「組織作為機器」和「機構化」的概念，在許多當今組織的敘事中仍保有強大力量。

瞭解情勢。管狀視覺、見樹不見林、孤島思維這類術語在多數組織中很常見（尤其是較大的組織）。許多管理者都在無意間浸淫於慣性中，沿用長久以來的方法做事，而這種心智習慣是受組織文化強化的。人們或許能理解局部性的情勢，但往往無法完整理解組織在更廣大的關係生態系中的位置。

合理行事。圖 1-2 列出了一些衡量行為是否合理的標準。一個合理的人能說明自身信念和行為的正當動機。很重要的是，因為模糊性會導致不同的詮釋，所以不是每個人對「合理」的概念都相同。某個人看事情的角度、提出的結論，可能會與其他人不同。若有 99% 的人都只看見老婦的臉，那並不代表看見小姐的那 1% 的人是錯的。

在任何情勢下，合理的人會努力：

- **深思熟慮，不衝動行事**
- **考量所有相關事實和狀況**
- **找出政策選項的利弊，聆聽利益相關人的問題和評論**
- **不為己利犧牲他人、不違反信託責任或其他道德責任**
- **被問及時，能向其他合理之人解釋自身決策和行為背後的邏輯**
- **避免犯過度自信和異想天開的錯誤**
- **展現主動式作為，而非反應式作為**

圖 1-2. 合理之人的特質

策略

　　「何謂策略」這個問題，會激起學者和策略者的許多答案。[5] 對於新創創業家、學校校長、軍事領導者、地方首長、牧師，或是中階經理而言，永續性競爭優勢的概念（此為營利性組織策略的主流思想）並沒有太大意義。許多官僚機構都會擬定受既定模式驅策的長遠計畫；然而，對於處在新興機會不斷浮現的 VUCA 環境下的公司來說，那是在浪費時間。

　　以下策略的定義，能引導我們瞭解策略思考的本質、目的，與範疇：
　　策略是透過管理有深遠影響的議題，提升組織利益的專門工具。

　　此策略之定義能廣泛應用於任何組織：大小公司、軍隊、政府、競選活動。它也適用於官僚機構和新創事業。策略能有助解釋歷史上任何機構的行為。

　　以下四大概念是策略的特性：

---

4. 有能力的人（competent individual）：法院視有行為能力者（competent person）為「有能力瞭解情況並能做出合理作為的人」（此指法律程序下的脈絡）。

5. 策略有許多學派思想。此策略之定義在全書中是一致的，並連貫地支持「策略思考是一項個體能力」的敘事。

．第一大概念是，策略是專門的工具。作為專門的工具，策略適用某些情況，但不適用於其他情況。策略主要著重於將內部資源貼合於新興、重大的機會與威脅上。策略的需求源於外部環境的動態變化。

．第二大概念是一項前提：所有組織（諸如企業、政府、非營利組織、軍隊、慈善機構、教會、學校）都有利益考量。舉例而言，學校的利益考量包括教育學生，以及促進更有生產力、更文明的社群。許多企業對股東都有義務，但同時也企圖促進社會福祉。利益可以改變、也確實會改變（有時是刻意的），但有時利益考量會在不被利益相關人察覺的情況下，自己轉向新的方向。

．第三大概念是，管理者為了促進組織利益，必須面對眾多議題。一個議題的概念可能是善用機會或降低威脅。搜尋微弱信號，並判斷是否需要採取進一步的行動，是一項關鍵任務。議題可能是眼前的一仗，也可能是會為未來帶來重大意義的事。找到議題後，要辨別其特性、安排其優先順序，並應用決策和資源加以解決。

以下這個在美國陸軍戰爭學院（U.S. Army War College）教授的簡單、強大概念，能有效強化面對議題和促進利益時的聚焦：

在概念上，我們把策略定義為目標、方法、資源之間的關係。目標是要達成的成果、資源是可供追求目標的材料、方法是資源的安排和應用。這些組成要件都各自提出一個相關問題：我們如何追求（目標）？利用哪些（資源）？用什麼（方法）？[6]

在下個章節中，我將應用有關議題和利益的概念、以及它們與目標、方法、資源的關係，示範如何制定策略。

---

6. 請見 Robert H. Dorff 的 "A Primer in Strategic Development"，刊登於 Joseph R. Cerami and James F. Holcomb Jr., eds., *U.S. Army War College Guide to Strategy* (Carlisle, PA: U.S. Army War College Press, 2017)，http://www.au.af.mil/au/awc/awcgate/army-usawc/strategy/02dorff.pdf。

・第四大表徵策略的概念是，有些組織議題有深遠的影響，有些則不然。這第四大概念強化了第一大概念（策略是一項專門的工具）。處理範疇較狹隘、較日常的議題時，通常透過營運管理解決會比較好。以下段落將針對這點進行討論。

圖 1-3. 歌頌行動且看輕思考的例子

經營事業，或是改變事業？

我稍早寫道，策略是專門的工具，適用於適合的情況。進行中的營運作業屬於不適合使用策略的情況。

營運人員進行營運作業是為了向顧客交付成果。聚焦於營運工作的人員處理的通常是短期、局部性的議題，而且需要仰賴管理工具，如：目標設定、預算擬定、工作委派、優先順序的安排、基準的比較、持續不斷的改進。生產力、優化、穩定性是營運的重點價值。

相較於著重於「維持事業」的營運工作，策略工作聚焦於「改變事業」。換言之，營運涉及組織「內」的工作，而策略則涉及組職與外部環境適性的提升。

行為與概念的平衡。我們很容易（尤其是在根深蒂固的運作系統中）找到公開對於抽象概念（諸如未來、競爭力適性、洞見）表示不以為意的人。傑瑞・羅茲（Jerry Rhodes）曾提出以下觀察：「許多管理者仍持一種頑固的態度，他們認為思考與抽象概念脫不了關係，所以肯定與實質作為相斥。」[7] 這就是會買像圖 1-3 這類馬克杯自用或送人的人，馬克杯上大膽宣告：「我們的策略計劃是：捲起袖子做事，而非紙上談兵。」

7. Jerry Rhodes *Conceptual Toolmaking* (Hoboken, NJ: Blackwell, 1991), 21。

這種人就是會説「我太忙了，沒時間顧慮我眼前以外的事」的類型。他們把這句話當作狹隘框架和短期導向的擋箭牌。

無疑地，行動、實用性、簡易性都有我們值得重視的理由。然而，有些管理者很衝動、守舊、固執且懶惰。慎重的思維與幽微的細節肯定有其重要性，而提升這些價值的地位，能促進文化擁抱策略思考。

設定要務。 無數深遠的策略議題都源自組織之外。但也有某些議題與組織內部的能力、資源，和抱負有關。有哪些議題是組織該採取行動的要務呢？

擬定策略要務是管理高層的關鍵職責，這包括參與、推動，及贊助尋找微弱信號的職責。理想而言，組織要能鼓勵所有成員富有好奇心。有越多雙眼睛對內外部環境進行掃描，組織就越能汲取更多可能對策略有利的資訊。理想情況是，每個人也都能瞭解議題，並知道如何做出與策略與營運方向一致的貢獻。當推行新策略的時機來臨時，人們就更能瞭解該策略背後的邏輯。

第二項職責是要判定組織的核心挑戰為何，並幫助利益相關人瞭解該挑戰。

第三項職責是，管理高層必須判斷如何分配稀有的資源。這是一項關鍵決策。身負此任的管理高層還有一項重要的治理功能：協助指導其決策在各分權單位執行。

雖說策略決策需要某種程度的集權，但那並不代表策略思考是所謂「策略層級」獨有的責任。任何人都能具備策略思維，而且在受到賦權的情況下，甚至也能執行策略行動。此外，作為正向迴圈一部分的策略思考也能提升個人的賦權——而受賦權的個體將更傾向於策略思考。

策略及策略思考的實踐

策略思考的榜樣在大眾媒體、歷史、體育、競選活動領域中並不難找。電影及書籍《魔球》[8] 講述的故事，是一位非傳統領導者改變舊有思維、發展出色策略的事蹟。電影開頭，奧克蘭運動家隊（Oakland Athletics）的總經理比利・比恩正面臨一項挑戰。球隊所有權易主，新

東家不願意繼續吸收財務損失。球隊老闆要求比恩縮減雇用球員的開銷。但他也同時必須想辦法組一支有贏面的球隊。

由於某些讀者可能不太瞭解（或不太在乎）美國職棒的商業模式，我先大略介紹其背景。這會有助於解釋比恩提出魔球策略這項創新的原由。棒球的本質是投手與打者間的競賽。投手以高速和彎曲軌跡向目標投球，而打者則揮棒擊球。若打者成功將球擊至球場內，防守方球員就要試圖阻止打者上壘。每次的投球、揮棒、擊球，都會影響比賽結果。

棒球有許多傳統。從 19 世紀發明之初，計分員就建立了一套指標，包括打點數（RBI）。這些指標成了人們對棒球基礎認知的一部份，也是棒球商業決策與合約談判的基礎。球隊管理階層會支付高薪給高打點數的球員。

職業球隊間都存在顯著的財務資源差異。這是因為有些球隊老闆較有錢、有些地方主場較忠誠、有些球隊在全國和地方都有市場。有一些明星球員可以談到比一般選手平均薪資多出數倍的超級高薪。有錢的隊伍似乎不在乎付出過高的薪資。他們太有錢了。

由於新老闆提出預算限制，奧克蘭運動家隊無法在明星球員市場中競爭。他們最好的球員都取得高薪合約，跳槽到諸如紐約洋基隊或波士頓紅襪隊這些較有錢的隊伍打球了。

比利・比恩認為他的競爭對手沒有正確地評價球員，而他認為自己可以善加利用這份理解。當時有越來越多證據顯示，諸如打點數等傳統指標，高估了打者的貢獻，並低估了運氣、以及其他打者掌控外的因素。他的洞見是：其他隊伍在傳統指標的影響下，付給球員過高的薪資。換言之，棒球人才市場的運作是沒有效率的。比恩想要善用對手的無知（或是自滿；兩者難以區分）。他的做法是要簽下被低估的球員，並將被高估的球員脫手。

奧克蘭運動家隊的魔球策略奏效了，取得出色的成果：該隊數年間在

---

8. 雖然電影在許多重要方面上偏離了書籍，但它捕捉到了魔球策略的關鍵敘事。我在重述《魔球》故事時，綜合了電影與書籍的事件。

例行賽中獲勝的次數比任何隊伍都多（除了亞特蘭大勇士隊）並連續數年打進季後賽。該隊達成如此佳績，但花費的總球員薪資卻是球界最低的。

比利‧比恩和奧克蘭運動家隊的策略思考敘事，揭示了良好策略幾個值得學習之處，適用於許多其他情況與組織。以下舉七點：

- **理解自身處境的真實樣貌。** 對手的資源相對龐大，若奧克蘭運動家隊採取傳統思維，成功的機會會很渺茫。電影中有句台詞捕捉到了非傳統（策略）思考的先決條件：「若我們與洋基隊的思考方式一樣〔這裡是指涉對手，以及其選拔球員的標準〕，我們在外頭〔指比賽場上〕就會輸給他們。」

- **找到洞見、運用洞見。** 奧克蘭運動家隊把努力建立在「球員招募市場沒有效率」這項假設上，並拓展賽伯計量學（sabermetrics）的運用。該計量學是對棒球比賽的實證分析，源自一群夢幻棒球（又稱烤肉店聯盟（Rotisserie leagues））愛好者〔譯註：其名源自這些愛好者起初聚集的餐廳的名稱〕。夢幻棒球隊擁有者會以現實中的球員組織隊伍，再依據這些球員的真實表現一較高下。當時，賽伯計量學已存在二十年了，並不是什麼秘密武器，任何運動家隊的對手都大可善加利用。

這項主流外的創新提供了具體、可行的洞見，使運動家隊能夠建立新的競爭邏輯。

- **發展出一套新的主導概念。**[9] 某些想法比其他想法重要，而新的策略是不同元素的綜合體。對運動家隊而言，其主導概念包括：非傳統統計學能模擬球員表現、一般選手的表現通常會符合統計數據的平均值、人才市場是沒有效率的（因為對手願意支付超高薪資聘請帳面上表現優良的球員）、被低估的人才可以透過精明的談判取得。

棒球的進攻邏輯很直截了當：若跑者上了壘包，得分的可能性就會增加，而得分越多，就會贏得越多比賽。運動家隊的策略邏輯強調以最

---

9. 請見 Richard Normann, *Reframing Business: When the Map Changes the Landscape* (Hoboken, NJ: John Wiley & Sons, 2001), 3。

10. 請見 Michael Lewis, *Moneyball: The Art of Winning an Unfair Game* (New York: W. W. Norton & Company, 2003), 124。

低的球員薪資支出，達到最大化的進攻效率。[10] 該隊假定讓球員上壘是贏得比賽的關鍵。該隊的預估模型指出，若在 2002 年賽季中拿下 800 至 820 分，就能贏得 93 至 97 場比賽。為了達成這樣的進攻效率，該隊開始著重於尋找球員，以及訓練他們上壘、得分。滿足這項策略最直接的做法是，在不超出支薪預算限制的前提下，尋找上壘率高的球員。

魔球策略的主導概念與傳統做法大相逕庭。傳統上，球探評估人才，經理安排球員名單，而球員的薪資則反映其生產力。

新主導概念的出現意味著任何特定策略的保值期都很短。情況會改變，造成適性不佳，而內部能力的發展能創造新優勢。

- **決定要做什麼，且更重要的是，決定不要做什麼。** 運動家隊決定不簽高薪明星球員，而是把有限的人才經費運用在被低估的打者身上。策略的力量來自具一致性的設計。這種設計涉及把專注力放在特定槓桿上，並願意終止無法促進策略的傳統活動。好的策略是整個組織系統性、有秩序、且連貫的努力。

- **運用數據抑制認知偏誤。** 美國職棒大聯盟的主流系統十分看重專業球探評斷潛在人才潛力的能力。多數球探以直覺行事，其中許多人有一種「外貌可作為預測球員能力的標準」的錯覺。運動家隊的策略則相信：比起主觀直覺，實證經驗更能預測球員的表現。

- **下聰明的賭注。** 好的策略是一項或一系列的賭注。某些賭注可能有回報，某些則否。

運動家隊每一次非傳統的球員交易都是賭注，測試著「球隊能把薪酬開支當作測量生產力的標準，並以最低價格組合出有效的攻勢」的概念。許多這些資源組合的賭注都失敗了，但有些卻產生驚人的回報。

魔球策略本身就是賭注，賭的是新的主導概念能得勝。隨著時間的推移、加上不間斷的實驗，運動家隊精進了對球員表現的理解，進而取得優勢。

- **策略具新穎性。** 魔球策略並非源自對任務、視野，以及價值的書面陳述。該策略也並非源於組織安排的舒壓旅遊、預算安排、強弱危機（SWOT[11]）分析，或其他策略計劃的所謂最佳做法。

這項策略思考敘事值得學習的地方在於它對個人獨特觀點的重視。比利‧比恩並非出身菁英教育背景（他決定不讀大學，以簽下職棒合約）。他的成功來自健全的原則：他正視情況的真實樣貌、他富有好奇心並善用機會、他發展出獨特的常理、他搜尋常規之外的新概念、他善用自身資源以及業界知識。

魔球故事廣為人知，許多作者時常拿它當作科技（如大數據、資料探勘、電腦分析）強大潛力的例子。策略思考敘事講的是另一種主題，即：對於情勢的超群精準理解的是良好策略的根基。好的策略源自頗為平淡的活動：掃描環境、留意奇異之事、持懷疑角度分析事物、與他人一同思考情況，以及設計通向未來的道路。然而，這也涉及運氣，要看你是否處於能從新興機會中得利的位置。

好的策略思考者對於傳統管理智慧持懷疑態度，他們知道要借用外部概念和創新，而且要建構新的策略邏輯。我時常聽到人們讚揚領導者的眼界。他們會拿賈伯斯和其他當代商業領導者——如瑪麗‧芭拉（Mary Barra）、伊隆‧馬斯克（Elon Musk）、傑夫‧貝佐斯（Jeff Bezos）——的天才事蹟當作例子。這些人有許多令人欽佩之處，但他們並不是什麼「怪胎」。他們既不是能預測未來的先知，也不是能用魔法創造未來的巫師。對此，較精確的說法是，他們都有一定的智識、對於新奇概念採開放態度、有機會主義傾向，且專注於未來成功所需的關鍵行動。

策略與領導領域有許多固定典型[12]，而對這些典型持懷疑態度是很重要的。傳統思考者偏好整潔、扼要的故事。他們喜歡將結果歸因於人們的特質，或說那些人具有超自然視野。然而，好的策略思考其實來自人們在分析與重新框架方面所做的努力。

本書將討論更多策略思考者的例子，而我也鼓勵讀者在電影、書籍、

---

11. SWOT 代表 Strengths（強項）、Weaknesses（缺點）、Opportunities（機會）、Threat（威脅）。

12. 我取用的是固定典型（trope）這個字中，「平凡且過度使用的主題或修辭手段」的意思。

或生活中找尋這些人的身影。一個對情勢有微妙理解、且願意在聚焦上做出艱難決定的人,更有可能打造出好的策略。

如何建構策略思考敘事

策略的擬定是為了有效因應某一情勢,而策略思考敘事是理解這個擬定過程的有效工具。這個概念很直接。首先,找一個組織成功或失敗的實例。這類問題能幫助你辨認敘事要件:

- 主角和配角是誰?
- 故事脈絡為何?
- 他們面對什麼核心挑戰?
- 其中涉及哪些緊張關係?
- 角色取得了哪些洞見?
- 他們做了哪些決定?
- 他們如何實驗和適應?

這些問題的答案有助於我們深入瞭解策略從何而來。舉例而言,魔球策略並不是以完整樣貌在比利·比恩腦海裡乍現的。在那數年前,比利·比恩就曾透過運動家隊的前總經理山迪·艾德森(Sandy Alderson)接觸到賽伯計量學了。而在那之前,賽伯計量學在《魔球》電影時空背景的至少前二十年就出現了。如果說比利·比恩是魔球策略之父,那艾德森就是祖父了,而在 1970 年代開始撰寫棒球統計學文章的比爾·詹姆斯(Bill James)就是曾祖父。一如許多其他創新,一個好點子從初期發展到效益完全的實現,中間會經歷很長的時間。

你有策略嗎?

許多人在績效考核時都曾被說過:「你需要更有策略。」他們會以明顯感到挫敗的語氣問道:「你說的更有策略是什麼意思?」

「更有策略」意思應該不是要邀請該員工一同發展企業策略。講者的意圖比較可能是要指示員工拓展觀點、別那麼陷入專責的日常工作中、要在工作上與他人協調——包含犧牲個人效率去成就組織更廣大的利益。

就這點而言，較具策略的人能以更有系統的視野看待一個組織，以及組織與外部環境的貼合程度。她已習得所屬組織的架構和規範，以及該組織的利益相關人、供應商、監管者的脈絡。具備了這些知識，她能更靈巧地與其他人協調自身行動。

策略性作為形容詞時，常常被當作裝飾用語，例子有：策略性領導、策略性計劃、策略性決策，以及策略性市場。人們把策略性當作形容詞時，大多是在表達被該形容詞修飾之名詞在他們眼裡的重要性。這種對策略一詞的使用是自利性的。許多人都藉此提高自己在組織中的個人地位。

多數組織都有太多策略性的事物了，彷彿是各種相互競爭的目標與抱負的大雜燴。策略性作為形容詞被任意使用，導致模糊性不減反增。理想而言，策略性作為形容詞時，應該要與組織的策略連結，而組織最好應該具備好策略，而非壞策略。

消除先入之見

過去對你有幫助的知識和經驗，可能會使你被侷限於不再相關的故事和慣例中，使你忽略新知。你的直覺可能會使你自滿。

請以初心（Shoshin）作為學習策略思考的心態吧。初心是禪宗的概念，鼓勵一種初學者的心思——類似於小孩子第一次發掘新事物時的心理狀態。以下舉動能增強初心：

- 拋開對於事物好壞的僵化區分
- 消除對於「會發生什麼事」的期望
- 讓自己充滿好奇心，藉此更深刻理解事物
- 接受新的可能性
- 問簡單的問題
- 對可能性採開放態度

學習策略思考靠的不是死記硬背。不是要把一堆策略思考架構的事實和最佳做法塞到腦海裡，而是要對尚未被發掘且新奇的事物培養熱情。要樂觀地相信其他人能找到更好的做事方法，也要意識到躍升性的進步可能比漸進式的進步更好。首先，請先清除先入之見，並辨認模糊

性的存在。

　　本章針對策略思考的本質、目的，與範疇，介紹了多項重要的概念。本章開頭介紹沒有受到應有重視的模糊性，並以呼籲讀者採取初心作結。在中間段落，我定義了多項關於能幹的策略思考的關鍵概念。

　　在下一章中，我將更仔細說明模糊性對策略、目標，與計劃的影響。我將運用我在第一章解釋的概念——即策略是目標、方法、資源間的相互關係——來談「精明性」以及目標、計劃，與策略的分別。最後，我將說明策略的打造，並針對運動家隊魔球策略進行評論。

第二章

精明策略

策略是一種精心的設計
針對情況的細微差別，
安排合適的資源

Cleverness

希望不是一種策略。
——文森・隆巴迪（Vince Lombardi）

我們可以很自然地説「這是個精明的孩子」，但是説「這是個精明的大人」就沒那麼自然。精明一詞意味某人以富有創造力的方式，善用自身資源取得與對手競爭的優勢。請記得這項特質，並思考以下三個陳述句：

- **奧克蘭運動家隊有一個精明的策略**
- **奧克蘭運動家隊有一個精明的目標**
- **奧克蘭運動家隊有一個精明的計劃**

你認為這三句話的合理程度分別如何？在我看來，第一個陳述十分合理，因為運動家隊的球員被其他隊低估，但該隊伍的組成方式卻使他們持續獲得佳績。若只看帳面資訊，運動家隊並不突出。然而，儘管他們顯然有弱點，卻仍在競賽中屢創佳績。

第二個陳述把「精明」與「目標」搭在一塊，這感覺很奇怪（可能稱得上荒謬）。這凸顯了人們在追求「好的策略」與「能幹的策略思考」過程所會遭遇的常見的嚴重障礙——即目標與策略的混淆。

第三個陳述中的「計劃」一詞具有模糊性。許多人會拿這個詞指涉「透過資源協調來因應挑戰」的作法。比利・比恩的策略思考敘事顯示，比恩很好奇賽伯計量學的潛力有多大、對棒球球探的直覺和習慣持懷疑態度、並願意透過實驗發掘更好的資源取得與運用方式。就這些元素而言，我們如果説運動家隊具有精心構思的精明計劃，那並不為過。

有時候，人們口中的「計劃」就是字面上的意思——指涉某份文件。許多策略計劃都是組織目標和目的清單。作者時常會加入樂觀的趨勢圖、人們微笑的照片，以及翱翔的老鷹，藉此創造達成成就的幻覺。但他們太常忽略組織的關鍵議題以及組織可採取的選項了。

精明性是方法、資源、目標的整合

在第一章中，我分享了美國軍方對於策略的定義，即：策略是方法、資源，與目標間的關係。那是很棒的架構，有助於人們以夠嚴謹的方式

看待策略以及其運作方式。「關係」一詞是最重要的概念，因為方法、資源，與目標間的關係是策略力量的來源。

當策略分崩離析時，其力量就會減弱。許多管理者都忽略了「關係」一詞，只專注於某項單一要素。舉一些策略分崩離析的例子：有些人會對你說，策略是指陳述眼界（那些人專注於「目標」的陳述）。而有些人會對你說，策略是由達成目標的步驟所組成的（他們專注於「方法」的陳述）。又有另一些人把策略視為進行年度計劃時，分配資源的行為（他們專注於「資源」的陳述）。

以下是兩個觀點不完整的例子：

● **執行高層。** 執行高層最典型的模式，是把「策略」替換成「目標」，例如：「我們的策略是要國際化」、「我們的策略是要削減開支」或「我們的策略是要成為業界領導者」[13]。這類陳述專注於策略的目的，而忽略了方法和資源。

許多人喜歡在策略計劃中加入遠景和遠見的陳述。許多人都很崇拜能描述未來狀態的「遠見領袖」。遠見是很簡單且吸引人的想法，因為它能建立方向，驅使人們更加努力。

對比之下，IBM 前執行長葛斯納曾直言：「就其本質來說，『願景聲明』在指出一個機構要如何讓理想目標成真方面，毫無用處。」[14] 他甚至批評願景聲明是「非常危險的」，因為它會創造一種安適感和自信，但這種感覺是沒有受到資源的投入或進步的邏輯支撐的。（葛斯納有擔任若干組織執行長的經驗。第九章和第十章將檢視他於 IBM 的任職期間。）

我在先前段落之所以點出「如何」兩字，是為了強調，策略若沒能釐清資源，繼而投入並整合這些資源，那該策略會很空洞。資源有限，管理者必須做出「組織該停止做哪些事，或組織追求不起哪些機會」的艱難決定。策略涉及的不只是宣告目標和設定遠景而已。

● **專案經理。** 被指派目標的經理往往會把策略一詞視為達成管理高層

13. 在搜尋引擎上搜尋「執行長」與「我們的策略是」，你會得到驗證。

14. 請見 Louis V. Gerstner Jr., *Who Says Elephants Can't Dance* (New York: HarperBusiness, 2002), 223。

遠景（目的）的步驟（方法）。他們的目標是要確立達成該目標的最佳行動順序。

當我聽到有人把策略定義為達成目標的步驟時，我會聯想到自己站在賣場的結帳走道，閱讀著雜誌封面上吊人胃口的標題，如：「讓小腹平坦的五個策略」或「某某人的長距離推桿進球策略」。這些文章描述的是技巧、竅門，和建議。

我偏好於使用計劃設計一詞（而非策略規劃）來描述融合技巧和資源以達成目標的行為。此外，我也覺得記住以下問題會很有幫助：如果你被指被派的是違法、不可能達成、或考慮不周的目標怎麼辦？

人們會過度簡化策略的定義，將之視為目的（目標）或步驟（方法）。這是不令人樂見的捷徑。圖 2-1 是描述組織信念、選擇，與配合性的大致樣板。以下五個陳述能作為該樣板各部分的導言。

1. 共同利益。運動家隊的利益能以此方式陳述（第一導言）：

我們運動家隊組織的利益包括……組一支成功的隊伍，以及支持我們的社區。我們的擁有者是重要的利益相關人，他們擬定的預算上限約束了我們在招募棒球人才時，與有錢對手競價的能力。

值得一提的是，遇到某些情況時，組織的利益可能改變。這些情況包括：出現新的擁有者、新的管理者、新的管理體系、新的對手、新的規定，以及科技與社會的變遷。此外，事件也可能對組織產生意外影響。舉例而言，我在撰寫本書期間，美國每週都有關於擁槍權利、性騷擾，與種族關係的爭議。知名度高的組織會陷入需要做出重大決定和聲明、並澄清身利益和政策的處境。我們很容易聽到管理階層和政客說：「我對此事的看法已經蛻變了」。

信念

1. 作為一個組織，我們關注以下利益……
2. 有鑑於我們的利益和情況，我們相信……
3. 我們組織的核心挑戰是……

選擇

4. 有鑑於我們的利益以及對於情況的診斷，我們選擇……

配合

5. 有鑑於中央部門針對組織方向和聚焦的決定，分權部門的執行工作將涉及……

圖 2-1. 書寫策略的五部分樣板；源於共同信念、選擇，與配合性。

確認利益考量讓我們有機會挑戰關於根本價值，以及組織在龐大利益相關人網絡中所處位置的假設。

2. 對於脈絡、情況，與議題的共同信念。策略書寫的下一個部分是關於策略脈絡以及團體的合理共識。

有鑑於我們的利益考量與情況，我們相信：

• 我們處於競爭劣勢。

• 人才市場可能是沒有效率的。我們相信我們在評估人才方面有優勢。

以上並不是完整的清單。此外，組織成員不太可能就導言中的「我們相信」部分達成普遍共識。取得共識是策略的嚴峻挑戰之一。我們將在第十二章探討此主題。

好的策略發展有很大成分涉及對信念的檢驗。更具體來說，策略者需要建構假說、蒐集並評估數據。以運動家隊為例，如果市場是沒有效率的，則該組織的挑戰是要發掘能將這種沒效率轉變成優勢的方法。

3. 對於核心挑戰的共同信念。核心挑戰是組織的最大議題（即威脅或機會）。核心挑戰是策略發展的驅動力。以下是運動家隊的核心挑戰（第三導言）：

我們組織的核心挑戰是……相較於對手，我們處於弱勢，因為我們隊伍市場較小，且有資源預算限制。棒球人才市場效率的缺乏，提供了招募我們可負擔的人才的機會，使我們得以組一支有贏面的隊伍。

辨認核心挑戰是策略的關鍵要素。策略被定義為專門控管議題的工

具。換言之，策略者的關鍵任務在於要闡明組織所面對的機會和威脅。第六章針對核心挑戰做了更多解釋。

4. 選擇整合資源的方式。策略涉及組織一連串連貫且具強化功效的決策。我使用我們選擇……這個短語去修飾每個項目。

瞭解這些與前述策略概念相關的決策是方法、資源、目的之整合，是很有幫助的。我以括號標示方法和（或）資源來協助闡明這些決策的影響。

以下是應用於運動家隊的第四個導言：

有鑑於我們的利益考量以及對情況的判斷，我們選擇……

● **強調進攻表現，將防守表現擺在次位〔方法〕。**

● **強調高上壘率的邏輯。此邏輯有助於達成目標得分，進而達到目標贏球數〔方法〕。**

● **根據人才的預測表現和薪酬預算招聘人才〔方法與資源〕**

● **不招聘高薪的自由球員〔方法與資源〕**

我做了一個簡化的假設：運動家隊的目標是要贏越多比賽越好。在此前提下，我辨認了方法和資源，但沒有設立目標。思考自身情況時，應該考量一系列最廣泛的成功標準（包含檢視目標陳述）。

請注意，第四個項目符號的陳述具有排除性。預算（資源）有限是無可避免的現實。管理者必須決定該做什麼、不該做什麼（方法）。好的策略會把資源集中在最能產生力量的施力點上。不好的策略缺乏聚焦，沒能處理現實世界資源有限的問題。

5. 陳述組織的調整。第五個書寫策略的導言如下：

有鑑於中央部門對組織方向和聚焦的決定，分權部門的執行工作將涉及：

● 把研究精力放在大學（而非高中）球員身上。

● 安排球員順序時最大化每個球員上壘的機會。

● 嘗試把球員調換到不同位置上，以加強球員的擊球能力（例如，訓練捕手當一壘手。）

此樣板的第五個部分有助於我們瞭解，策略涉及形塑組織第一線決

策的政策。

　　相反地，管理高層不該把重點放在建立和布達目標上，而是應該著重於提供政策指導與安排資源。好的策略會考量到，第一線管理者在組織的特定領域擁有較多的專業。若能理解形塑特定策略的利益考量與信念，低位階的管理者在受到賦權時將能做出更好的決策。

　　有時，高階經理必須使用其正式職權，迫使下屬採取與狹隘的個人利益相違的作為。運動家隊總教練被削弱的決策權即為一例。

打造策略

　　如果說「精明」是描述策略運作的適當形容詞，那麼「打造」就是個關於發展精明策略的好動詞。想像木工打造桌子，或陶匠打造花瓶的過程，創作者會在腦中平衡兩個概念：其目標的大致形體（即桌子或花瓶），以及其原料的特質。她不將注意力全然鎖定在目標上或原料上。她想像的是一種物品功能與原料特質的恰當組合。她反覆動作並進行實驗。

　　比利‧比恩多層次的魔球策略與「打造物品」的比喻有許多相呼應之處。魔球策略的早期概念很簡樸，但因為歷經實驗而演化成為更細緻且純熟的策略。

　　3M 公司便利貼的發展歷程也是策略工藝性的一例。故事要從史賓塞‧席佛（Spencer Silver）這位研究員講起。他開發出了他稱為微球（microspheres）的物質。微球有獨特的物理特性，是微弱的黏著劑。席佛的天才之處在於他發現了微球的有趣特性，並渴望尋找它潛在的應用方式。甚至當席佛的老闆試圖澆熄他的熱情時，他仍鍥而不捨。幾年後，成功來臨。當時席佛的同事亞瑟‧富萊（Art Fry）提出了一項很有洞見的聯想：把微球塗層到紙上，當作檔案標籤。

　　上述「策略作為工藝」的比喻還有三個關鍵。第一，策略需要原料：即信念、賭注、主導概念、洞見、策略資源、行動與選擇。第二，正如花瓶有作為容器的功用，策略的功用在於促進組織的利益和對問題的掌控。第三，策略會從簡單的實驗演化為更精緻的程序，這就如同工藝的技術從粗糙到純熟一樣。

敏銳度定理

亨利‧明茲伯格（Henry Mintzberg）寫道：「打造策略的真正挑戰在於察覺幽微、可能在未來為事業帶來損害的中斷。」[15] 他接著說：「任何訣竅或程序都沒辦法使人們做到這點，這全仰賴一顆不與情況脫節的敏銳之心。」明茲伯格說的「不與情況脫節的敏銳之心」與我說的「有能力的人會瞭解情況，並有合理作為」相呼應。來檢視三個重要概念。

組織在未來會遭受損害。 成熟的組織很少能長期維持權力和領導地位。在商界，事業遭受損害的證明比比皆是，《財星》（Fortune）雜誌最大企業名單的更動就是一例。此外，一度活躍的學校、教會、社群、非營利組織也可能面臨過氣的命運，變得支離破碎，或是影響力大不如從前。

外在環境總是處於流動狀態。這些面臨衰退的組織的領導者認為，把焦點轉到組織的營運上（這等同忽略情況的模糊性）以及個人抱負上較不吃力。我們可以很肯定地預測，當今經營得有聲有色的組織，在未來會面臨截然不同的條件。我們還可以預測，有些機構會因為沒能有效因應情勢，而失去動能和實用性。

察覺細微的中斷是策略的真實挑戰。 中斷指的是偏離預期的狀況。中斷是一種微弱信號，它可能會（也可能不會）發展成改變組織未來的力量。

某些特定中斷是無法預測的。它可能會在特定時間和地點出現，也可能不會。中斷一旦出現，誰也說不準它是否會帶來重大影響。無論我們談的是經濟泡沫、新科技，或法律，全都是如此。有些人能感知中斷的意義，有些人則無法。

圖 2-2 是中斷生命週期的大致模型。試想離岸地震是一種中斷。一般人不太會注意到微弱的地震。或許地震會造成破壞性的海嘯，也或許不會帶來影響。假設地震造成海嘯，侵襲人口稠密的地區，打亂了正常生活，混亂接踵而至，重整後的系統會出現什麼新常態呢？

---

15. 請見 Henry Mintzberg, "Crafting Strategy," *Harvard Business Review* (July 1987)。

破壞很少會摧毀系統。舉例而言，雖然一戰和二戰的帶來極大的破壞，但新的政治和經濟系統繼而出現，除了保留原有系統特定的遺緒，也增添創新。系統的脆弱和堅韌程度相異。系統受到破壞後，新興起的替代系統可能與前者截然不同，這就如同恐龍在滅絕後，哺乳類動物成為最大的陸地動物一般。

值得一提的是，地震不會立即造成海嘯，而海嘯也不會立即造成破壞。任何動態系統都會出現延遲。此外，事件的影響可能嚴重、也可能輕微。

中斷

↓

─→沒有影響

↓

破壞

↓

─→沒有影響

↓

混亂系統

↓

─→重整後的系統

圖 2-2. 中斷可能會（或可能不會）引發混亂、大規模的影響。

避免過於理想化的最佳做法或方式。明茲伯格表示，「任何訣竅或程序都沒辦法」偵測中斷。這第三部分的敏銳度定理與許多線性式思考者的偏好形成對比。這是給策略思考者的警訊，提醒他們應該避免反射性地希望有現成的方法可用（例如一套正式的策略計劃樣板）。

「將組織比作機器」的比喻由來已久，但也過時了。在動態環境中處理定義不清的議題時，沒有所謂最好的唯一方式。

打造策略最好的方式反倒是培養一顆不與情況脫節的敏銳之心。這與本書個人策略思考能力重要性的大概念相呼應。

愚鈍從何而起？

運動家隊的魔球策略是不與狀況脫節的敏銳之心的產物。然而，試想一個情況：若當初運動家隊的對手獨立建構並測試了市場沒有效率的假說，景況會如何？換言之，運動家隊對手的愚鈍從何而來，他們又提供了什麼借鑑？

答案是，運動家隊的對手的管理者們在精神上偏好簡單不費力的工作。運動家隊的對手能取得同樣的賽伯計量學方法和數據。然而，他們的思考過於鬆散，而比利‧比恩則擁有由絕望創造力而生的洞見。

至少有三個傾向會助長愚鈍的策略思考。

例行公事會使人愚鈍。卡爾‧韋克（Karl Weick）和凱薩琳‧薩克利夫（Kathleen Sutcliffe）的出色著作《意外情況的控管》（Managing the Unexpected），說明了組織內的例行公事如何使人們察覺脈絡中警訊和變化的能力變遲鈍。作者解釋說，人們會陷入自動駕駛的心理狀態，而在這種盲目中，人們會看到熟悉的事物，忽略不熟悉的事物。此外，他們會用舊標籤分類事件。他們與情況脫節了。然而，由於直覺給了他們安全感的錯覺，他們因而變得過度自信且馬虎。[16]

人們會看事情編故事。多數人往往都會將經驗詮釋為一連串的事件。試想一個日常例子：你看見一片破碎的窗戶，窗戶下方地板上有顆球，然後有一群兒童在附近玩耍。你的大腦會自然傾向串聯鄰近事物（破窗、球、兒童）的關係，並建構一個合理的故事：兒童丟球打破窗戶。人們很容易會產生解釋，而且對那些解釋很有自信。這些詮釋不需要所有證據的支撐。故事會隨著新資訊（社區連續出現竊盜案，或該地區最近有過地震）而改變。然而，人們不太喜歡改變已建構的故事。

事件導向的思考（或稱線性式思考）反映了大腦根據相近的因果關係創造簡單故事的傾向。當人們散播「誰對誰做了什麼」或「銷售量下滑了，所以該降價」這種能提供簡單解釋的故事時，就是在進行事件導向的思考。

人們（包含管理者）對事件的反應往往是出於膚淺的，缺乏對於長期系統性行為微妙、幽微的理解。大多數人對著名的莫非定律（Murphy's

16．請見 Karl E. Weick and Kathleen M. Sutcliffe, *Managing the Unexpected* (San Francisco: Jossey-Bass, 2005), 43; 重點標明。

law）的記憶都是這句話：凡是可能出錯的事就一定會出錯。此定律源於名叫愛德華 墨菲（Edward A. Murphy）的工程師。他當年的任務是要改善飛機駕駛艙。許多人往往以悲觀的角度看待莫非定律。

用系統學的話來說，飛機駕駛艙是個鬆散式連結的系統，部件間有多種互動關係（舉例來說，部件間的因果會出現延遲）。要瞭解非線性式系統，是需要精力和專業的。莫非定律並不是一種對未來的陰森厭世觀點。愛德華·莫非是在呼籲我們要警醒地留意中斷的早期微弱信號，因為這種信號可能會演變成威脅或機會。莫非定律更值得學習的地方是，當我們發現自己處於複雜的情況時，要有以下心態：凡是可能發生的事情，遲早會發生。

願望驅動目標設定。 目標設定通常是一種事件導向思考的型態。在這種思維下，人們的志向成了最顯著的精神錨點。

想像一個典型的忙碌經理，她正在審視下個月的營收預測報告。她未經過深思地很快就下了結論：組織的表現可以更好。她在腦中快速比較情況與抱負而得出了目標。

抱負

↑ ↓

易得
數據

目標是 → 決定追求 → 努力 → 成果
縮小差距　　該目標

狹隘框架（忽略更廣大的問題）

圖 2-3. 許多人往往會縮小框架並設立目標

欲瞭解詳情，請見 Corinne Purtill, "Murphy's Law is Totally Misunderstood and Is In Fact a Call to Excellence," *Quartz*, May 16, 2017，https://qz.com/984181/murphys-law-is-totally-misunderstood-and-isin-fact-a-call-to-excellence/

圖 2-3 點出了事件導向的思考如何指導目標設定。在有限時間的壓力下，該經理的大腦會很容易感知到兩件事：易得的數據和自身抱負。大腦偏好易得的資訊，並會盡所能運用該資訊。（這項心智活動叫做易得性捷思法〔availability heuristic〕，我會在第 11 章更詳細介紹。）

　　相反的，策略性思考者會拓寬框架，意思是他們會尋找和考量額外的資訊。這些資訊可能包含普遍的經濟狀況、現有競爭、新競爭、社會趨勢、科技，以及自然事件。這些信號的重要性有時會增強並造成破壞，有時則不會。確實，對於原本就有日常生活壓力的人來說，拓寬框架會消耗太多時間。但另一方面，忽略微弱信號會增加人們暴露於新危險或錯失新機會的風險。

釐清目標與策略

　　能幹的策略思考者充滿好奇且喜歡提問。她會很有警覺地避免錯把目標替代為策略。以下是資淺員工能如何與資深員工互動的例子：

　　執行高層：「我們的策略是要在下個年度發表二十項新產品。」

　　專案經理：「這項目的很有意思。您是基於什麼思考過程建立此項目的的呢？」

　　專案經理的回應很微妙。她沒有加深以目標代替策略的錯誤，並正確地認知到目的是目標的同義詞。

　　她的提問避免了目標和策略的語義辯論。此外，該提問創造了以更有效率的方式進行組織策略談話的機會。（第十二章會談到「以談話作為策略」這項主題；第十三章則會談到面對現實的勇氣。）上述談話可能會涵蓋含以下問題的討論：

　　• 考慮到我們能取得的資源，我們的目標是否合理？

　　• 考慮到能我們取得的資源，假使我們夠精明，我們能夠達成什麼目標？

　　• 我們需要做出哪些權衡？

　　• 對手可能會透過什麼精明策略取得競爭優勢？

　　• 我們的組織利益焦點是否改變了？

● 我們正在試圖處理哪些議題？

一位能幹的策略思考者會以更寬廣、深入的方式尋找有意義的信號，而不是著重於設定目標。如第一章的定義，策略是一種能廣泛應用的概念，政府、公司，和慈善機構都適用。尋找好策略的過程會促使我們回答這個問題：目標、資源、方式之間有什麼潛在組合是能促進我們利益的呢？

形容詞能傳達策略的要素。 我鼓勵各位想一個會讓你聯想到策略的形容詞，然後總是惦著它。例如，你可以用「精明」這個形容詞來描述一個能促進自身競爭優勢並弱化對手的方式與資源的策略配置（一種精明策略）。

另一個例子是「好」這個形容詞。理察·魯梅特（Richard Rumelt）的好書《好策略·壞策略：第一本讓歐洲首席經濟學家欲罷不能、愛不釋手的策略書》（Good Strategy, Bad Strategy: The Difference and Why it Matters）對此做了解釋。好策略有三個顯著特點：對情況的診斷、一套關鍵選擇（稱作指導政策），以及組織在追求這些關鍵選擇時的一致性。大致而言，好策略的意涵就是：努力辨識問題、解決問題，以及善用機會。魯梅特解釋說，壞策略是只關注目標績效結果的策略。壞策略可以是「一項高難度目標、一項預算，或是你希望發生的事的清單。」[17]

所有人都希望有一個精明、有力、良好、有效、高明，或微妙的策略。相同地，沒有人會樂見自己的策略被貼上愚蠢、虛弱、糟糕、沒效率、乏味，或缺乏新意的標籤。

形容詞也能傳達策略思考的特質，這就是為什麼我選擇將能幹這個詞和策略思考者之間做連結。我鼓勵各位去評量身邊的人：他們是否有一顆不與情況脫節的敏銳之心？他們的行事是否合理？

---

17 . 請見 Richard Rumelt, *Good Strategy, Bad Strategy: The Difference and Why it Matters* (New York: Currency, 2011), 42。

能幹的策略思考較有可能打造好策略。無能的策略思考者較有可能打造壞策略。

策略思考的三種識讀力

我們會預期有識字能力者能夠閱讀和書寫，並具備運用動詞、名詞、形容詞、副詞等等的知識。我們也會預期他們能分辨更廣的概念，例如區分小說與非小說；論及類別，有識字能力者能辨認科幻冒險小說與言情小說的差異，也可以辨認文化史與自然史的異同。

談到專業主題時，我們會預期內行人具備該領域的理論知識與應用技巧（例如，內科醫師會能夠用正確的專業術語指涉人體構造；會計會能區分資產負債表與損益表的差別。）

能幹的策略思考者具有三個領域（策略、判斷、未來）的識讀力。

策略識讀力。 每年都有數以千計關於策略的文章和書籍出版。由於策略是個模糊的概念，人們會從中學到零碎的良好思維（例如：計劃的重要性），但不完全理解良好策略的原則。策略的專門用語包括：資源組織、權力、核心挑戰陳述，以及微弱信號等概念。如我先前所說，策略不是目標的同義詞，而目標也不是達成策略的步驟。

大策略（Graand Strategy）是軍方用語，形容一個國家的利益考量，以及其對政治、軍事，與經濟力量的運用。VUCA這個縮寫源於美軍，其概念是要凸顯大計劃的限制並鼓勵敏捷性。

在營利性的事業環境中，企業策略、商業策略，以及功能策略等詞彙各具特定意義。企業策略關切的問題是：我們希望參與哪些業務？奇異公司（General Electric）關於業務組合的著名作法可當作例子。奇異在各業務中都想要當第一名，或是強勁的第二名。無法符合該標準的業務就會遭到出售。

商業策略著重於建構並維持能得勝的價值主張。運動家隊的魔球策略即為商業策略的一例。

功能性策略則與組織內的各部門有關聯（例子有：行銷策略或資訊科

技策略）。若仔細觀察便可發現，功能性策略通常是「計劃設計」的實踐，即部門有一套目標要達成，並針對如何運用資源達成目標，進行計劃設計。在某些案例中，部門會培養某些或許能為業務帶來獨特競爭優勢的能力（如執行科技或人才培育計畫）。

具識讀能力的策略思考者也能夠辨認新興策略與審慎策略的不同。審慎策略是傳統、組織性的策略計劃——管理階層會建立遠景並透過指揮組織的行動，朝嚮往的目標前進。新興策略則具有創業家特性，具彈性，且注重尋求機會。

判斷識讀力。具判斷識讀力的人會留意認知偏誤，以及個體可能會做出不符合自身最大利益之決定的可能性。

丹尼爾‧康納曼（Daniel Kahneman）促進人們對決策的理解的貢獻讓他獲頒諾貝爾獎。康納曼卓絕的著作《快思慢想》（Thinking Fast and Slow）對於與策略思考相關的主題（認知、記憶、決定），有極好且詳細的描述。康納曼在該著作的導言中説，他的目標是要「改善人們辨認、瞭解他人判斷錯誤和選擇錯誤的能力，且最終也以相同方式檢視自己。我希望透過提供更豐富且精準的語言討論這些錯誤來達到這項改善。」這種精準語言的詞彙包括：謬誤、錯覺、忽略（例如稍早提過的那種對模糊性的忽略）。

人們都希望自己能有系統、理性、且縝密地進行策略工作。能幹的策略思考者的一項基本任務是要在適當時機凌駕於自己的直覺、習慣、衝動，和傾向。

第十一章將提供更多關於判斷識讀力的討論。第十二章將説明，更好的對談能如何幫助我們避免犯下策略判斷的錯誤。

未來識讀力。人們預測未來的方式時常是仰賴對趨勢的推演或對「投射性未來」或「預測性未來」的預測。另一種未來是「偏好性未來」，即領導者所建立的某種希望達到的結果。人們會透過回溯預測法（backcasting）設想達成目標所需的步驟，藉此擬定計劃。

策略思考者通常會運用第三種發掘導向的方法。她會希望看見她不曾看見的事物。她會留意微弱信號並探索它們可能的影響。她會想要完整掌握未來的可能面貌，而不是被特定的觀點箝制。

　　未來識讀力不是提出更精準的預測的能力。其目的是要檢視連結當下選擇與未來影響的預期性假設。對未來概念和未來工具有更深入的理解後，策略思考者就能做出更前瞻性的決定，並避免意料外的後果。

　　在三項策略思考識讀力中，未來識讀力可能是最不為人所知的一項。所幸，主流策略管理思維正在擁抱這項識讀力。第七章將說明更多關於未來識讀力的工具。

微妙的差異很重要

　　運動家隊魔球策略的文本篇幅頗大，因為該隊所面臨的情境特殊，所以也必須有相應的反應。如同精明、有力，或良好這些詞，微妙一詞也適合用來形容策略。我們希望追求微妙的策略，而不是了無新意的策略。

　　理解情況細節後，我們就能看出，好的策略是容易理解且合乎常理的。請注意，我並不需要矯飾的辭彙或複雜的圖表就能描述魔球策略了。

　　在第一章中，我說明了初心者的心態。這種心態注重細節。具初心的學習者會擁抱微妙的細節，因為它可以揭示優秀策略的邏輯。

　　下一章將說明哥倫布的策略思考敘事，加深讀者對於策略思考的目的、本質與範疇的理解。其中有兩大重點：四大支柱與四大 X 因素。這些概念提供了定義策略思考與應用策略思考所需的架構。

　關於未來識讀力的介紹，請見 Riel Miller, ed., *Transforming the Future: Anticipation in the 21st Century* (London: Routledge, 2018)，https://www.taylorfrancis.com/books/e/9781351047999。該作者提出的未來識讀力概念深深地影響了我對這個主題的思考。我以稍微較狹義的意思使用未來識讀力一詞。

第三章

大概念

策略思考的四大支柱
與 DICE（動力、洞見、機運、
新興事件）

Big Ideas

總會有那麼一個帶來所有重要變革的人。期許自己成為那種人吧。
──巴克明斯特·富勒（Buckminster Fuller）

　　讀者或許不太記得「1492 年，哥倫布揚帆蒼海」（in 1492, Columbus sailed the ocean blue）這段韻詩了，但各位大概知道哥倫布是人類史上最重要的人物之一 [19]──他讓歐洲人注意到如今稱作美國的土地。本章將運用哥倫布策略思考的敘事揭示更多策略思考本質的面貌。

　　哥倫布於 1450 年（也可能是 1451 年）生於義大利城邦熱那亞共和國，早年大半都在地中海學習航海基礎。他後來在「偉大海洋（Great Ocean）」（大西洋的舊稱）展開從北到南的冒險。他有個點子：開創一條向西航行到亞洲的海上貿易路線。他向葡萄牙尋求贊助遭拒，最後取得西班牙提供的三艘船。1492 年 10 月，哥倫布登上巴哈馬的一座島嶼，認為自己已到達亞洲東岸的島嶼。他回返西班牙取得了再往西航行三趟的資源。在第二次航程中，船隊發現了古巴和伊斯帕紐拉島。第三次的旅程特別意義重大，他看見了南美洲奧里諾科河的大量淡水水流──那意味著大陸陸塊的存在。

　　他握有一個大概念（即具變革性的概念）。 當時受過教育的歐洲人已有「地球是圓的」的共識。哥倫布朝西航行的大概念可能源於他早年的航海生涯。

　　我們不曉得他大概念的來源為何。但我們從他的日誌中能看出他好奇心十足且擅長發掘細節。試想哥倫布與同行船員在海上或港口長時間交談，交換著稀鬆平常或絢爛的故事。或許哥倫布在不列顛群島（也可能是冰島）時，聽聞了關於幾世紀前維京人西方聚落的故事。無論如何，往西邊航行的大概念抓住了哥倫布的注意力，他的思維與精力都圍繞其上。

19.《時代雜誌》將哥倫布排名為史上最重要的人物第 20 名。

他具備專家知識。哥倫布具備實際可應用的航海知識。他的技能包括導航、造船,以及航海的運作細節。此外,他的貿易經驗也極為受用。這項知識對於促進西班牙王室以及其他投資人的利益起了寶貴的作用。他的製圖經驗與他的航海專業相輔相成,使他具備全球觀點和細節知識。再者,他深諳政治力量並建構自身的影響力技能。

哥倫布長期活動於創新樞紐中,這使他能接觸新興科技和社會趨勢。1462 到 1492 年的這三十年間,航海和探險蓬勃發展。設計和製造創新改善了船隻在大西洋上長途航行時應付險惡海況的能力。有了長途航行的能力後,商人就能開闢新市場並建構新的商業貿易模式。[20]

哥倫布在里斯本(1477 到 1485 年)這段期間,對於他的策略敘事至關重要。里斯本是當時全世界最富有且都會化的城市之一。當時,哥倫布有段時日與弟弟巴爾托洛梅奧(Bartholomew)一同經營製作和販賣地圖的生意。這使他不斷接觸到地理新知。試想哥倫布與人熱烈地討論西方地平線後種種事物的景況。這類辯論不但能激發點子的融合並精進哥倫布的論點,也能提升哥倫布在向贊助者推銷點子時的信心。哥倫布在里斯本取得佛羅倫斯思想家保羅・達爾・波佐・托斯卡內利(Paolo Dal Pozzo Toscanelli)製作的地圖,該地圖指出了一條向西橫跨大西洋通往亞洲的路線。受到啟發的哥倫布帶上了該地圖啟程,這顯示了它對哥倫布的重要性。有些學者把哥倫布的航程稱作托斯卡內利計劃。[21]

他有寶貴的洞見。洞見能體現我們對情況的理解,並為策略邏輯帶來貢獻。以下描述是我對哥倫布一週生活的想像。請留意出現洞見之處。

1485 年,哥倫布與弟弟巴爾托洛梅奧在製圖店裡。某星期一,兄弟倆完成了伊比利半島的氣流模式圖表。他們談到盛行西風,開著玩笑說

20. 請見 William D. Phillips Jr. and Carla Rahn Phillips, *The Worlds of Christopher Columbus* (Cambridge, U.K.: Cambridge University Press, 1991)。

21. 請見 Mark Burdman, "The 'Toscanelli Project' Factor in the Christopher Columbus Story." *EIR 14*, no. 12 (March 20, 1987),http://www.larouchepub.com/eiw/public/1987/eirv14n12-19870320/eirv14n12-19870320_048-the_toscanelli_project_factor_in.pdf。

該風向的形成是為了防止船員駛進日落中。那場談話點燃了巴爾托洛梅奧的記憶，想到哥倫布從岳父那裡繼承的托斯卡內利地圖。隔日，巴爾托洛梅奧詢問哥倫布他是否還留有那張地圖。哥倫布從盒中取出地圖，兩人接著展開關於向西航行至亞洲的漫長討論。兩兄弟的這段對話促使哥倫布回想到多年前在船上關於大西洋西邊陸地的討論與臆測。

隔日週三早上，哥倫布繼續更仔細地檢視托斯卡內利地圖。他注意到上頭的註釋寫著：向西航行能抵達亞洲。客人進門，想看西非海岸的氣流模式圖表，哥倫布的思緒因而被打斷。在與客人談話時，哥倫布憶起自己曾於西非海岸航行，當時風是朝著西邊和西北邊吹。客人的資訊符合他的親身經歷（即風從東方吹來）。

那晚，哥倫布自睡夢中醒來，腦中浮現了一個洞見。該該洞見催生了一場改變歷史的計劃。傳記作家尤金・里昂（Eugene Lyon）表示那是哥倫布最重要的洞見：往返航行大西洋西邊的秘密是「先南下，再隨著信風朝西邊航行，返回時則借助緯度較高的盛行西風。」[22] 這項洞見與逆著西風航行的傳統觀念不同，挾帶強大優勢。

週四，哥倫布致信葡萄牙國王約翰二世尋求向西航行所需的資源。

哥倫布設法取得資源。我稍早說明過，策略的特徵是目標、方式、資源間的關係。涉及風險的策略資源是關鍵元素。哥倫布需要資源去執行大概念。哥倫布有朝中的人脈，所以他堅信先尋求葡萄牙國王約翰二世的贊助是很合邏輯的。哥倫布也很聰明地與西班牙王室建立關係，王室最終提供了他計劃所需的資源。

他能適應情況的改變。以下兩個例子說明了適應力如何幫助哥倫布取得成功。

---

22. 這句關於哥倫布最重要的洞見的話引自 Eugene Lyon, "The Search for Columbus, An In-Depth Analysis of the Genealogy of Christopher Columbus," *National Geographic* 181, no. 1 (January 1992)。

哥倫布起初賭的是葡萄牙國王約翰會提供贊助。然而，葡萄牙探險家巴爾托洛梅烏‧迪亞士（Bartolomeu Dias）越過好望角，建立了通往印度洋、最終抵達東方（the Orient）的南方貿易路線的潛力，葡萄牙因此轉而投資迪亞士。

雖然哥倫布起初冀望葡萄牙贊助他的賭注，但明智的他準備了避險方案，即與西班牙建立關係。哥倫布轉而尋求西班牙伊莎貝拉女王與斐迪南的支持。他們在哥倫布最需要幫助時提供了贊助。

哥倫布後來的航程又轉向新大陸。他在航程之初預期會找到大規模的成熟貿易中心。此想法源自他在歐洲的經驗，以及他從曾到過亞洲的人聽來的見聞。他沒有找到那些城市，所以決定轉化戰略，效法他在非洲所見的貿易模式，在小港間進行小型貿易。[23]

哥倫布策略思考敘事的元素為策略思考提供了許多值得學習之處。他企圖促進自身（包括個人、家庭、商業、政治面向）以及贊助人的利益。

我接著將運用哥倫布的例子，說明策略思考的四大支柱與四大X因素。

策略思考的四大支柱

哥倫布的敘事使我們對策略思考的本質有更深的認識。圖 3-1 的四大支柱模型提供了策略思考的完整定義。

我會從四號支柱講起，原因很合理：人們會記得結果，但時常忽略促成那些結果的導因。四號支柱講的大家都想從策略中獲得的結果。我們接著會回頭談一號、二號，和三號支柱。

四號支柱：在未來取得成功。人們自然會希望取得成功，人們也會以多種面向定義成功。「你如何定義成功？」並非無關緊要的問題。我們可以透過觀察哥倫布對西班牙王室的要求，辨識哥倫布的某些標準。

---

23. William D. Phillips Jr. 和 Carla Rahn Phillips 在著作中描述了哥倫布轉向非洲的貿易模式。

他要求受封爵士、受任命為海洋艦隊司令、擔任任何新土地的總督，以及獲得任何新財富的百分之十。[24]

　　未來一詞是策略思考的標誌。能幹的策略思考者會想辦法理解未來的可能情況並採取前瞻性的行動。

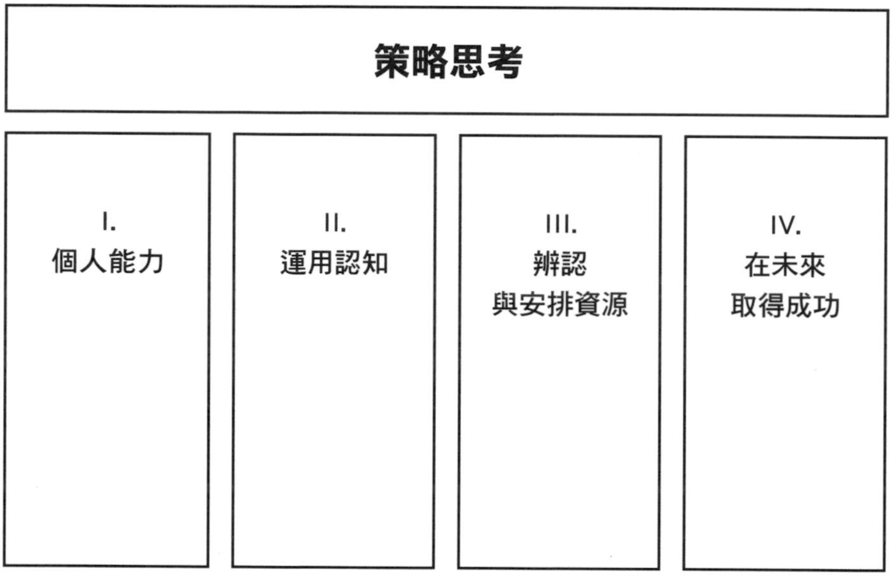

策略思考

I. 個人能力	II. 運用認知	III. 辨認 與安排資源	IV. 在未來 取得成功

圖 3-1. 策略思考的四大支柱

三號支柱：辨認與安排資源。哥倫布結合他的知識、洞見，以及西班牙王室提供的實質資產：船隻、船員、旅糧，以及貿易商品。他透過仔細整合這些資產來最大化成功。

　　西洋棋賽時常被當作策略的象徵。西洋棋棋子的移動就如容三號支

---

24. 請見 "1492: An Ongoing Voyage," *Library of Congress*. https://www.loc.gov/exhibits/1492/columbus.html。

柱下的活動：策略者會透過整合棋子（即策略資源）來回應並製造對手的問題。對組織來說，策略資源包括能力、金融資產、智慧財產、以及業界知識。棋手（一號支柱）的思維方式（二號支柱）會影響棋子的位置和移動（三號支柱），進而造就棋手的成敗（四號支柱）。

棋子的任何移動都需要經過思量。這項原則是策略思考敘事的必要工具，因為我們可以透過「資源為何如此使用？」這個問題，推測過去決策背後的成因。同樣地，在考慮未來資源該如何整合時，此問題也能為策略提供焦點和邏輯。

二號支柱：運用認知。哥倫布的好奇心以及其他心智習慣與更高層級的思維屬性相當。這種思維包括辨別事物、記憶、想像，以及推理等智能活動。推理包括分析、合成、想像等活動。在策略思考領域中，認知講的特別是感知微弱信號、理清那些信號，並做出決定的機制。

我們都希望相信我們的決定和行為都在掌控中。科學研究顯示，大腦的認知活動大多發生在潛意識中。這項主張的觀察指出，人類大腦在與今日環境迥異的險惡環境中演化了數千年，在許多方面，大腦的認知機制已成為難以改變的既定模式，而雖然這種模式大多時候是可行的，它有時也會使我們陷入脆弱的處境。我們在打造策略時，絕不能忽略「原始腦」的存在——它是導致我們憤怒、挫折、抽離，以及過物度簡化事物的來源。它使得現代人（包括管理者）時常做出沒有事實根據、不合邏輯，且不符合自身利益的決定。「人們總是理性」的論點已經不被接受。

大腦偏好簡易性和確定性。它頗擅長忽略複雜性、模糊性，以及其他策略情況的特徵。管理者會說服自己相信自己懂得比實際上懂得更多，且不經批判地信任傳統的解釋；他們信任專家——但那些專家也只是在自身領域做猜測而已。類別和故事主宰他們的心智生活，使他們對快速變化的事件感到訝異。

思考有時候是種幻覺。舉例而言，約翰・奈許（John Nash）對經濟學和賽局理論（game theory）做出許多原創貢獻，使他在 1994 年共同獲得了諾貝爾獎，但他卻也有一連串精神疾病病史，例如，他曾認

為配戴紅色領帶的男人是想密謀陷害他的分子。納許表示，他那為學術界做出極大貢獻的大腦，同時是幻覺的來源。洞見的力量很大，但幻想的力量也不遑多讓，且兩者之間可能僅有一線之隔。哥倫布錯誤堅稱通往日本的路程只有實際的六分之一。或許哥倫布是在幻想，但他可能也正如某些現代創業家一般（例如蘋果電腦的賈伯斯），在心智上具備能影響自己採納何種想法的「扭曲事實引擎」。

策略思考的四號支柱著眼於在未來取得成功，而周遭世界（通常而言）以及科技（尤其是科技）不斷變化所帶來的一系列挑戰，只會加劇「我們想突破自身智能限制的掙扎。」[25]

能幹的策略思考者不見得智商較高，學歷也不見得比較厲害。她的特點反而是對於「自己知道什麼、不知道什麼」有更強的意識。她對依靠自己或他人直覺的作法持懷疑態度。她富有促進自己與利益關係人之福祉的決心。

人們很容易會想要把策略思考、創意思考、系統思考混為一談。圖3-2選出一些它們的異同，幫助讀者瞭解策略思考本質、目的和範疇的獨特之處。策略思考特別關注策略，並且以未來為導向。策略思考也能在適當時機整合其他思考派別。

一號支柱：個人能力。雖然哥倫布需要借助許多人的幫助，但他的個人經驗、洞見、努力，仍是該故事的主軸。他理解情況、依情況作出調整，並制定出能促進自己以及贊助人利益的合理方法。

這種對於個人的強調，點出了組織發展的有趣挑戰。組織文化反映個人價值與偏好。它建立並反映慣例。然而，慣例可能會箝制個人天賦，導致愚鈍與平庸。

組織在各階層都需要能幹的策略思考者。每個人都有能力察覺微弱信號、建構這些信號的意義，並設計與執行合理的行動。

---

25. 此話出自諾伯特・維納（Norman Wiener）：「人們想突破自身智能限制的掙扎在未來會越發艱辛；未來不是一張安適的吊床，我們無法只躺在裡頭等著機器人服侍。」

	與策略思考相同	與策略思考不同
批判思考	注重客觀事實的發掘 精確性 問題、邏輯 建立假說和實驗	策略思考透過探索關於未來的意涵，尋找潛在的機會和威脅。 外推法的價值只限於中短期。我們無法精準地預測長遠未來。情況或許完全沒有邏輯可言。線性式分析和演繹式分析無法找到關於未來的意涵。
創意思考	拓展邊界 挑戰並改變現況 鼓勵精明和非傳統的思維 察覺新奇與有趣之事 表達自我，一種個人價值與審美的陳述 以精進為導向 腦力激盪與比喻等創意思考工具可以用於某些策略工作中 打造與設計	策略思考者重於替特定情況的挑戰打造好的策略。策略思考對於想像力的運用有更明顯的目的性。 強調創造力是好事，但那也可能使人分心。人們有時會耽溺於夢想著遠景，而疏於處理組織面臨的挑戰。
系統思考	理解政策的後果（無論是有意或無意的後果） 試圖透過模組瞭解當下狀況，並預期該系統的變化	策略思考是較質性的思維，它專注於洞見以及未來的形體。此外，它與「以領導作為精進組織的工具」更有關聯。

圖 3-2. 策略思考與其他思維方式的特徵異同比較。

定義策略思考

四大支柱為策略思考提供了精簡的定義:

策略思考是個人運用認知來辨認能提升組織未來成功可能性的因素,並組織那些因素的能力與實踐。

四大支柱也能作為策略思考的簡易模型。如第四章所述,該模型提供了對比營運思考和策略思考的基準,有助於人們有效瞭解策略思考是什麼、何時該運用策略思考。身為學習者的挑戰是要內化這份知識,並應用在個人經驗中。各個支柱以什麼方式出現在你的個人策略思考敘事中呢?

策略思考的四大 X 因素

X 因素指的是有重大影響的變數。在圖 3-3 中,我描述了策略思考的四大 X 因素以及它們與四大支柱的大略關係。X 因素 1 和 2 會影響策略的打造過程,而 X 因素 3 和 4 則具備情境特質。DICE 這個縮寫能有助於讀者記憶四大 X 因素。[26]

X 因素 1:動力(Drive)。這項 X 因素與個人的動機、精力、抱負,和勇氣有關。有些人有動力去做傳統人士不會做的事情,他們會耗時探究細節,不懈追求目標,而且願意冒險。其他人根本沒有這種精力。

1476 年,哥倫布在的一場致命的海盜襲擊中存活了下來。那是他敘事中的轉捩點。瀕死經驗會帶來強烈的清晰感和觀點。

正大管理顧問公司(Grant Thorton)曾對公司營收超過 5000 萬美金的 250 位執行長進行調查。[27]22% 的執行長表示有過認為自己會死的經驗,這之中又有 61% 表示該經驗對他們的人生和職涯產生了長遠的影響。41% 受訪者表示那次經驗讓他們成為更富同理心的領導者;16%

---

26. DICE 縮寫是威廉・黃(William Hoang)注意到的。

27. 請見 Del Jones, "CEOs Show How Cheating Death Can Change Your Life," *ABC News* (March 11, 2009),https://abcnews.go.com/Technology/story?id=7057064&page=1。

表示那使他們更有野心；14% 表示那使他們不再那麼野心勃勃。或許哥倫布並沒有把那次瀕死經驗放在心上，也或許他受到深刻的影響。在襲擊中倖存的經驗是否提升了他的野心和毅力，使他從平凡無奇的航海商人轉變為具備執行自己大概念動力的人物？

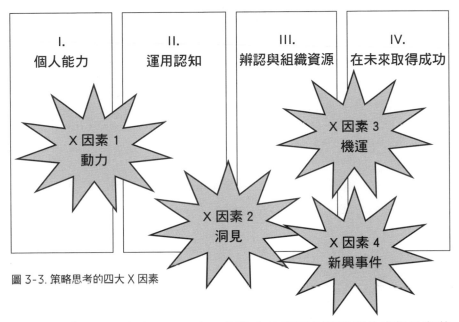

圖 3-3. 策略思考的四大 X 因素

X 因素 2：洞見（Insight）。哥倫布注意到非洲沿岸的盛行風與葡萄牙沿岸相反，是由東向西吹。這項洞見成為了他的策略邏輯基礎，解決了向西航行以及回航的問題。

洞見是策略的秘密成分；洞見是策略者用來促進自身優勢的獨家資訊。我在建構策略思考敘事時都會尋找洞見並探究其來源。魔球策略之所以強大，最大的原因是它捕捉到了洞見，並善加利用。我在第九章會舉 IBM 從產品中心轉變成服務中心為範例，更詳細地解釋洞見這個主題。

X 因素 3：機運（Chance）。想像你身處在 1492 年，看著三艘小船駛離西班牙帕洛斯德拉夫龍特拉的港口。你預計不會再見到哥倫布或收到他的音訊了。

哥倫布的歷史地位要拜一連串幸運的事件所賜，而這些事件的高潮莫過於他非常幸運地發現巴哈馬的一座小島。其他幸運事件還包括：他在海盜凶暴的襲擊和沉船事件中倖存；他曾居住在里斯本這個創新樞紐；他娶了有皇室人脈的中產階級商人之女；西班牙國王和皇后改變心意，決定贊助他。西班牙擁有加那利群島，這也屬好運，因為相較於葡萄牙的馬德拉群島和亞速群島，加那利群島的風更適合向西航行。他在颶風成形的高峰期駛過險惡的水域。假使他當初運氣不好，歐洲人可能就會是透過別的冒險家認識到西半球了。[28]

機運凸顯了三號支柱（組織資源）與四號支柱（在未來取得成功）之間的關聯。我們最好要把提升成功的可能性當作資源配置的前提。成功可能發生，但不保證發生。

《魔球》一書同樣肯定機運的重要性。其作者麥可‧路易士（Michael Lewis）原本計畫寫一篇關於奧克蘭運動家隊的雜誌文章。路易士在採訪過程中目睹了一場因選拔球員而起的會議爭執。他發覺那是很豐富的題材，因而決定不寫雜誌文章了，而是要寫一本書。[29] 運動家隊的保羅‧迪波德斯塔（Paul DePodesta）是該會議的與會者。憶起當時，他說那是一場非典型的會議，且是他職涯中最戲劇化的一場會議。假如那是一場典型的會議，路易士可能就不會寫那本書了。假如沒有那本書，好萊塢也不會將故事拍成電影。假如沒有那部電影，魔球策略也不會在流行文化和商業文化中受到注意。我們還能把運氣所扮演的角色回推到更久之前。麥可‧路易士成為暢銷作家靠的是才華也是運氣。大學畢業不久

---

28. 若我們假設這五個事件對哥倫布發現新大陸有利的機率各是 50%，計算結果顯示，他成功的可能性很低：0.55 = 0.03125。

29. 路易士 2012 年在普林斯頓大學的畢業演講：別吃運氣的餅乾（Don't Eat Fortune's Cookie）中，提到了這個故事。請見 See https://singjupost.com/michael-lewis-2012-commencement-speech-to-princeton-fulltranscript/。

後，他出席了一場晚宴。一名女子和他談上了話，詢問他未來有何計劃。路易士回答說不清楚。那名女子很快地將他介紹給她的丈夫，他是華爾街一間貿易公司的執行高層。女子請丈夫雇用路易斯。路易斯被指派為貿易職員，而他於在職期間觀察到一套詐欺系統的運作。他寫下自身經驗，作品成為暢銷書《老千騙局》（*Liar's Poker*）。

我在評估策略思考敘事時，首先會問的問題之一是：「機運在這個故事中扮演什麼角色？這個策略是否擁抱隨機與機運扮演的角色？」

一個模式浮現了：隨機、無法預測，也因此具非線性特質的小型事件會是歷史的轉捩點。機運這個 X 因素強化了康納曼的論點：「運氣在所有成功故事中都扮演很大的角色；我們在故事中幾乎總是能很輕易找到一個原本能把重大成就化為平庸結果的微小改變。」[30]

機運這項 X 因素與二號支柱（認知）有個有趣的關聯。大多數人往往會將成功歸功於自身才華。他們會憶起自己辛勤的努力，並將它視為成功的原因。那是個簡單好記的故事描述。他們會忽略以前付出辛勞卻沒有收穫的經驗。這加強了前述故事的可信度。同樣地，他們的大腦會忽略沒有付出努力就有好事發生的經驗。他們（很容易）會記住「辛苦努力會帶來成功」。要找到「辛苦努力會帶來成功」敘事的反面例子，需要花費更多精神。

管理者過度自信不是什麼秘密，也不令人訝異。許多糟糕的策略都是過度自信導致的。人們很容易相信自己能力非凡、容易忽略對手的企圖、也容易對機運事件不以為意。

X 因素 4：新興事件（Emergence）。新興事件指的是「複雜系統進行自我組織過程時所產生的新奇且連貫的架構、模式、特質。」[31] 來看看以下兩個有關歐洲開啟美洲的新興事件。首先，歐洲人最終在美洲

---

30. 請見 Daniel Kahneman, *Thinking Fast and Slow* (New York: Farrar, Straus and Giroux 2011), 9, or loc. 144, Kindle。
31. 請見維基百科條目 "Emergence"。經濟學家傑佛瑞・戈爾茨坦（Jeffrey Goldstein）在 *Emergence* 期刊中為新興事件一詞提出了符合現況的定義。

發現了新的食用作物，如玉米、可可，和馬鈴薯。這些新作物讓歐洲人在營養方面多了許多新可能。其次，歐洲人帶來的疾病和奴役模式深深改變了新大陸的原住民社會。

你可能聽過一項推測：亞馬遜雨林蝴蝶的拍翅動作，可能會使北美產生龍捲風。蝴蝶拍翅時形成的小型氣流會被其他力量增強。這項新興事件（即龍捲風）是因果關係的產物。理論上可以透過模型來模擬。

然而，我們無法預測龍捲風何時會出現，因為即便蝴蝶可能造成龍捲風，並不代表蝴蝶曾經真正導致過龍捲風，也不代表蝴蝶不曾間接造成過龍捲風。

蝴蝶拍翅的動作是沒有受到注意的微弱信號。我們無法預測龍捲風（或是其他特定現象）。策略思考者必須準備好留意微弱信號，並接受中斷與干擾的可能。

總結而言，四大 X 因素為策略思考提供了指引。各位應該著重於：

- 動力而非自滿
- 洞見而非直覺
- 機運而非確定性
- 新興事件而非大計劃

結語：歷史思考與未來

任何歷史人物或事件都有可辨認的策略思考敘事，我們可以從敘事中找到實用的借鑑。有些人會以傳統敘事描述事件的過程與起因，但我們也能透過重新檢視證據來打造不同因果關係的敘事，並藉此取得洞見。

以下是策略思考敘事的特有模式：一個富有好奇心的人審視著周遭世界，尋找有趣的信號。作為審視工作的一部分，她會評估現有資源和新興科技的潛力是否未受應有重視。最終，她會執行大概念和洞見。她會透過嘗試不同方法以及資源配置來提升資源之於情況的適性。

想像此景：我們帶著哥倫布從 15 世紀穿越時空來到現代，且他仍完整保留了動力這項 X 因素。他會功成名就嗎？這項推測或許能幫助我們

理解與我們情況相關的因素。脈絡會影響答案。此外，脈絡會延伸更多問題：他能為我們的現代尖端科技（如：先進材料、製圖、管理、導航、人工智慧）帶來貢獻嗎？他和其他創新者會形成什麼社群網絡？

策略思考的四大支柱與四大Ｘ因素的模型有助於我們推斷人們在需要良好策略的情況下的處境。這項練習提供的視角有助於我們辨認世界可能出現的新狀態，並有助我們執行能促進自身利益的行動。我們無法預測哥倫布在現代會發生什麼事，但我們可以辨認某些會影響他尋找機會的因素。

現代蘊藏的機會與哥倫布時代不同。科技不同了。但現代版哥倫布也在你我周遭，他們富有同樣的好奇心、觀察力，以及縝密的思維。

我曾聽過有人批評哥倫布不懂自己要去何處、不懂自己抵達何方，就連回到歐洲時也不知道自己到過哪裡。從策略的觀點來看，這樣的批評有失公允，而且忽略了模糊性與新興事件的角色。

學習策略的人應該要理解到，一顆富有探險精神的心是很珍貴的。世界是由複雜且新興的系統組成的。這種環境很少會順著精英人士的意，即使當事人是意志堅定、有遠見的天才也一樣。創投家保羅・格雷厄姆（Paul Graham）寫道：「無論是比爾・蓋茲或是馬克・祖克柏，他們一開始都不知道自己的公司會發展到多大規模。但他們都明白自己在對的道路上。」我們無從得知哥倫布是否意識到自己「正走在正確的道路上」。雖然他大概生性自戀又愛幻想，但他是個好的學習者，而且知道如何回應情勢的改變。

哥倫布的策略思考敘事強化了「不與情況脫節的敏銳之心」的概念。哥倫布的競爭者大可利用他的策略，但卻沒那麼做。哥倫布持之以恆且專注於取得策略資源。

「平凡人也能成就非凡」是有效的策略思考最賦權於人面向之一。我們的挑戰是要察覺自身情況的細節並打造有效的因應方式。

下一章將說明本書的一大特色：策略思考的精微技巧。精微技巧有助於

強調策略思考模型的二號支柱。我將描述十二個精微技巧，並建議一項有助提升策略思考能力的五分鐘每日練習。

第四章

策略思考的十二個精微技巧

提升能力的關鍵練習

Twelve Microskills
of Strategic Thinking

唯有付諸實踐，知識才有價值
————契訶夫（Anton Chekhov）

　　開車老手使用的精微技巧包括加速、剎車、變換車道、迴轉、超車，和停車。同樣地，策略思考也是大範疇的能力，由若干獨特、可以練習的精微技巧所組成。[33] 策略思考的精微技巧是本書的關鍵特色。這些技巧強化了策略思考模型中二號支柱的概念（即思維與認知的運用），並有助於打造連貫的（三號支柱）因應措施。這些精微技巧無論是在軍事策略、股市投資，或慈善組織治理方面皆適用。本章將介紹 12 項精微技巧，往後章節會再額外介紹 8 項。（附錄 B 提供了所有 20 個精微技巧的簡短定義。）

精微技巧：好奇心

　　所有策略思考的精微技巧當中，好奇心或許是大家最熟悉、也最容易融入忙碌日常生活的一項。保持好奇的小技巧之一是密切注意自己的心思，並自問：「我是否處於學習狀態？」

　　許多人在正規教育下喪失了創造力。他們接受標準化考試，很習慣問：「這個會考嗎？」正如本書中一再提到的，策略涉及尋找微弱信號。有好奇心的人會問：「這個物件、概念，或人物有何有趣之處？」

　　好奇心是執行高層的顯著特徵。紐約時報觀察員亞當·布萊恩特（Adam Bryant）訪問超過 5000 名執行長後，發現了一個模式：「他們往往會對一切事物提出疑問。他們想要明白事物運作的方式，然後思考如何改善這些方式。他們對他人以及他人背後的故事感到好奇。」[34]

　　策略工作的關鍵要素包括在不熟悉的領域進行探究和嘗試。好奇心應

---

33. 概念出於 Richard Paul, "Strategies: Thirty-Five Dimensions of Critical Thinking," in A. J. A. Binker, *Critical Thinking: What Every Person Needs to Survive in a Rapidly Changing World* (Rohnert Park, CA: Foundation for Critical Thinking, 1991)。

34. 請見 Adam Bryant, "How to Be a CEO, from a Decade's Worth of Them," *New York Times* (October 27, 2017)。

該要能引領我們抵達一種參考資料和專家都沒辦法提供答案的境界。你必須向外展開冒險並透過觀察和實地嘗試來尋找答案。本書之後會談到，我們無法透過目標來瞭解世界的全貌，但我們可以運用目標來捕捉未知與未來機會。

組織文化往往會箝制好奇心，而且不鼓勵人們提出深刻的問題。注重好奇心的文化能促進策略思考。反過來說，策略思考也能促進好奇心。

試試這個小技巧：尋找與你觀點相反的人，試著不要企圖改變對方的想法，而是要去瞭解對方為何抱持特定觀點，而他們的觀點又源自哪裡。

精微技巧：實用主義

實用主義是指人們對世界運作方式的關注以及運用這份知識來促進自身利益的渴望。實用主義強化了第一章關於能力的定義：即能理解情況並有合理作為。

我時常改稱這項精微技巧為「實用好奇心」，藉此加強理解當前和新出現的現實問題背後的因素。實用主義不是對藝術和理論的排斥。實用主義者認為藝術和理論很實用，並不輕浮。

實用主義的反義是唐吉訶德精神或烏托邦主義。字典對於唐吉軻德精神的定義是「不切實際地追逐某些想法，尤其是追求衝動、崇高、浪漫，或過度俠義的想法。」[35] 烏托邦主義者則是擁護過度理想之完美社會制度的人。

人們時常混淆實用和實際兩個詞。實際的人是指關心現實狀態的人。這種現實狀態通常是當下情況具體且可觸及的本質。實際的人會把想像和推測當作娛樂或危險。另一方面，實用主義者會將想像和臆測視為工具，因為它們有助於評估當下決策可能對未來造成什麼影響。

實用主義是行動與思慮的平衡。沒有思想的行動叫衝動，沒有行動的思想叫拖延。

---

35. 此處定義改寫自維基百科的描述。

精微技巧：野心

　　我用野心一詞來描述個人動力（X因素1）以及個人對於為自身組織（或社會）做出貢獻的決心。我所說的野心不完全是以自我為中心且受到自戀心驅使，而對個人光芒的追求。

　　「精通」這個概念可以幫助我們釐清野心的價值。精通是指創造結果的能力，這能力是透過深刻且直覺地理解結果背後的基本原理來達成。相較於過度自信的新手，精通者對於其所處系統的運作細節有更深的理解。

　　我發現人們需要被提醒，他們應該以策略角度思考自己的職涯。有野心的人會機警地留意個人成長的機會。那可能意味著投入新計劃、平級調動到新職位、追求升遷，或是在公民組織中為社群發聲。人們也應該評估在目前組織之外求職的機會與威脅。

　　政治一詞對許多隸屬於組織的人來說帶有負面意涵，而許多人不願展現領導力也是這個原因。政治講求權力的取得與運用。這種權力可用於有益的目的，但也可能用於謀圖私利。個人的道德倫理會形塑如何運用權力的選擇。

　　野心的存在解釋了為什麼某些人成功，某些人則否。野心反映了這些渴望：表達自我、達成成就、看清現實、影響他人、努力不懈、取得勝利、位居上風、帶來影響、服務他人，以及追求卓越。

　　附錄F提供了關於「能幹的策略思考者」這個個人品牌的額外討論。

精微技巧：敏銳度

　　我在第二章闡述過敏銳度定理，強調了策略思考者應具備不與情況脫節的敏銳之心。敏銳度這項精微技巧旨在仔細留意微弱信號，而這些信號可能會以新興趨勢、新興模式，或異常情況的形式出現。

　　我將在第六章解釋「策略思考具有模糊前端」的說法。敏銳度是偵

---

22. 這句關於哥倫布最重要的洞見的話引自 Eugene Lyon, "The Search for Columbus, An In-Depth Analysis of the Genealogy of Christopher Columbus," *National Geographic* 181, no. 1 (January 1992).

測微弱信號的一大關鍵。大家可能猜到了，敏銳度與好奇心的精微技巧有重疊之處。好奇心可能使人分心，而敏銳度則能使人在釐清與評斷事物時更為謹慎。敏銳度帶來的額外好處是鼓勵人們區分實用信號與「偽陽性信號」（即看似與情勢相關但實則不然的信號）的差別。敏銳的人能平衡自己對微弱信號的察覺力以及因應微弱信號的判斷力與決心。

精微技巧：比喻推論

兒童很早就會開始運用比喻了。比喻是人們最常用來與抽象概念打交道的方法。雖然比利‧比恩與哥倫布兩人時空相隔 500 年之久，但他們的思考敘事卻有許多有跡可循的相似處。此類比顯示，策略思考者對情況具備敏感度，並且會在主流文化之外尋找新點子。這兩個人都對自身資源的限制都很敏感，而且都審慎地運用握有的資源。

即便你接觸的領域與探索世界或是經營職業棒球隊關係很遙遠，你仍可以將比喻推論的所學應用在那些領域中。你可以運用比喻，想像那些原則能如何應用於軍事單位、教會、慈善機構，或新創事業中。

然而，比喻仍有其限制。雖然商業和軍事策略間確實有相似處，但企業並不會透過摧毀競爭對手的資源來取得成功。

精微技巧：說故事

故事和說故事的能力是人類文化最強大的工具之一。人們很容易記住故事。宗教、國族認同，以及企業文化都有各自流傳的故事。這些故事是人際間的黏著劑，為人們帶來共享價值以及關於自身起源的共同解釋。

說故事這項策略思考的精微技巧是與人類生俱來的能力。人類明白故事的基本組成：角色、張力、情節、結局。典型故事講的過往事件。人們可以從這類故事中得知，在一個文化中，有哪些事可以做，有哪些是禁忌。故事能為組織當前在社會中所處的位置以及其與對手的關係提

---

23. William D. Phillips Jr. 和 Carla Rahn Phillips 在著作中描述了哥倫布轉向非洲的貿易模式。

出解釋。這些回顧性的故事無疑有其珍貴之處。

我喜歡將人們導向我稱之為「前瞻性故事」的另一種故事。組織與成員在這種故事中處於新的不同未來狀態。在講述前瞻性故事時，我們的目標是要替聽眾建構一個可行的邏輯。這個故事必須涵蓋足以反映未來潛力的寬廣範疇。故事不必是「真的」（因為誰也說不準未來一定會出現什麼特定狀態），但故事必須讓聽眾聽起來「像是真的」。雖然未來令人感到陌生，但故事必須讓人覺得可信。雖然認知偏誤有助於故事的描述——人們不需要太多線索或模式樣本就能輕易建構出連貫的故事；然而，認知偏誤也可能帶來危害，因為大腦很容易就會相信感覺像是真的、但沒有事實根據的故事。

說到模式，策略思考者可以藉由一個實用的故事原型來看待策略思考。我發現「英勇冒險」的故事原型對我的前瞻性故事影響很大，而且也能為其他想要精進策略思考的人帶來幫助。此故事原型的重大優勢在於它是人們熟悉的模式，因為好萊塢賣座電影以及其他西方文化故事（例如個人回憶錄與宗教故事）也時常運用此模式。《星際大戰》和《魔戒》就是經典例子。英勇冒險的原型遵循以下模式：

第一幕，主人翁（想像是路克‧天行者或佛羅多‧巴金斯）身處熟悉、正常、舒適，且平凡的世界。主人翁經歷中斷或干擾後，故事開始發展出張力。冒險旅程呼喚著，但主人翁時常不想離開原處。一位精神導師角色現身（想像是歐比王‧肯諾比或甘道夫），敦促主人翁離開平凡世界。這稱作「跨越門檻」的危機。

第二幕，主人翁身處特別世界，他在那裡「面臨考驗、對抗敵人、對朋友和盟友的忠誠產生懷疑；他在幾經強烈磨難，在失敗和死亡的邊緣搖搖欲墜」[36] 後，終於達成冒險的終極目的。

第三幕，主人翁回到平凡世界。他已取得勝利，帶著能造福平凡世界的解藥歸來。主人翁在特別世界的經歷使他蛻變。

---

36. 請見 Gideon Lichfield, "The Science of Near-Death Experiences," *The Atlantic* (April 2015)。

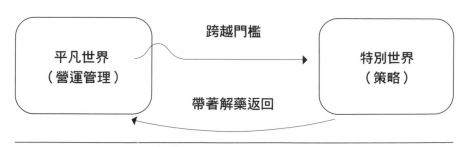

圖 4-1. 在冒險敘事原型中，主人翁會離開平凡世界，進入特別世界。

這種敘事原型中的英雄（即主人翁）具有特有的功能：

英雄的功能是服務他人，先不求自己過得舒適，而是以他人的需求為優先。

我擔心有些人會把我口中的英雄一詞錯誤詮釋為刻板印象中的男性戰士形象（即一種對侵略與體魄的強調）。然而，不是每個文化看待英雄的觀都與美國一樣，我認為女性亦有涉及特殊力量和衝突的獨特故事。

英勇冒險這個原型有助於我們區分營運與策略的不同。我們來更仔細地看看這兩個世界（如圖 4-1 所示）。英雄的平凡世界是指既有組織模式的日常運作。英雄離開那裡並踏進策略的特別世界，在那裡受到境遇與他人的考驗。

平凡世界舒適又熟悉。英雄通常覺得要離開是件難事，而這就是所謂的跨越門檻的危機。當代策略經驗指出，人們很會找藉口不把時間投資在策略思考上，而他們最常用的藉口是日常工作太忙碌了。

人們也很熟悉冒險敘事中那種精神導師的角色。組織中的精神導師可能是董事會成員，也可能是協助領導者察覺中斷與干擾的外部顧問。作為本書作者，我的角色是要要邀請讀者離開舒適圈並扛下英雄角色，藉此幫助你在組織策略上達成卓越成就。我的角色是精神導師。

圖 4-1 的箭頭旁寫著「帶著解藥歸來」。在冒險原型中，解藥對平

凡世界來說很珍貴。電影《星際大戰》中的英雄提供了死星的構造圖，好讓同伴們能找到可攻破的弱點。電影《法櫃奇兵》中的法櫃則是具備摧毀敵人力量的物件。策略思考比喻中的解藥是指資訊、洞見，或更新更好的主導概念，或者也可能是清楚的策略。作為解藥的策略能改變營運性平凡世界中的資源配置。

策略是一場與模糊性的戰爭。你的最大挑戰是內心的挑戰，以及受到文化形塑的個人思考習慣。英雄會做別人不願意做的事來造福眾人。故事的主人翁時常會受到所謂「變形者」或「跟蹤者」的角色所欺騙。此脈絡下關於策略的比喻是：模糊性會誘使管理者變得過度自信或是選擇維持現狀。

「策略作為故事」比喻的另一個部分著墨於英雄的天賦和特殊能力。在《星際大戰》中有稱作「原力」的天賦，而《魔戒》中則是有一枚能讓持有者隱形的戒指。在前述的策略思考敘事中，比利・比恩的導師杉帝・艾德森將比爾・詹姆斯的著作介紹給比恩，激發了比恩希望使賽伯計量學成為職棒策略工具的渴望。哥倫布的靈感則來自托斯卡內利地圖。你同樣也有許多個人力量，能作為你在特別世界中的資源。你所發展的精微技巧將會是利益相關人眼中的珍寶。

人們時常沒有注意到自己擁有天賦或資源。我稍早曾說過 3M 便利貼的故事，也談到微球這項促成便利貼的關鍵因為發明者找不到其商業用途，竟被擱置多年。人們必須同時向內與向外找尋資源以及潛在價值。

上述天賦和資源能促進洞見這項 X 因素。正如我將在第九章中談到的，洞見是能把平庸故事轉為更好故事的重新框架過程。若故事等於策略（且反之亦然），那我就要宣告：平庸的策略和平庸的故事是同一件事。平凡的世界中的主導故事往往會排擠不熟悉的事物並強化現狀。我在本書中一再主張，面對事實並幫助他人把平庸的故事和策略轉為好的故事和策略，是重要的策略思考和領導任務。

大衛・貝瑞（David Barry）和麥可・厄姆斯（Michael Elmes）說：「策略必須被看作組織中位階最高、最有影響力、代價最高的故事。」說故事這項精微技巧能為策略思考者以及其組織帶來許多益處。故事能

幫助別人辨清模糊性、採取新的信念，並組織行動。

精微技巧：開放的心理姿態

在體育界，姿態指的是運動員的身體姿勢，且通常是初學者的第一課。正確的姿態能使運動員進入狀態，快速因應比賽變化。體育教練時常把理想的身體姿態稱作「預備位置」。同樣的，策略思考的心理姿態也有預備位置，即機警留意新興機會和威脅之微弱信號的狀態。

心理預備位置的人就像擺出了正確身體姿態，冷靜且不躁動，在偵測到訊號的同時，已經預備好執行相應的對策了。

心理姿態開放的人願意接收新訊息，並且能在腦海中揣摩新想法和模式。他們會做好面對新奇事物的準備，並假設情況與先前經歷不同。

本書先前提過，模糊性是策略著墨的要素。開放的心理姿態有助於我們透過尋找多種解釋和架構來瞭解事物的真正面貌。有了開放的心態後，你會對自己的問題提出疑問。

我在本書中會不時使用以下術語來強化對於開放的心理姿態這項精微技巧的理解：

• 資訊熨燙：指忽略與既有知識不一致的資訊和世界觀的行為，也稱作驗證性偏誤。

• 解套設計：指人們喜歡花費精力在推動方案上，而非全盤理解策略脈絡的傾向。

• 回溯預測法：為一項計畫技巧，作法是先確認遠景，再回推達成該遠景所需的步驟。這是可行的計劃方式，但這個方法的前提會限縮人們充分想像未來可能性的能力。

• 本體性謙卑：指瞭解自己在知識方面仍有許多不足的態度。這是一股與資訊熨燙抗衡、且能強化初心的力量。這和本體性傲慢（固執並過度自負地相信自身世界觀是唯一正確的世界觀）形成對比。

---

37. 請見 David Barry & Michael Elmes, "Strategy Retold: Toward a Narrative View of Strategic Discourse," *Academy of Management Review* 22, no. 2: 429–52。

精微技巧：懷疑主義

懷疑主義的首要目標是要保護自己不被他人錯誤的主張影響。以魔球策略為例，「球探能預測球員在場上的表現」的錯覺就是一種錯誤主張。比利‧比恩的懷疑論幫助他獨立思考，免於守舊思想的箝制。

只因為權威人士宣稱他們瞭解某事，並不代表該知識就站得住腳。許多組織結構屬於傳統官僚體系。在這種組織中，職位位階代表一個人的權威和權力。組織文化往往是知識、職位，和權威的結合。在許多組織中，特權和權力會決定哪些人的知識在決策中具有份量。這會造成策略問題，因為「權威知識的力量並不在於其正確性，而是在於其份量」[38]。持懷疑態度的人不會不經思考就認定某人的知識是正確的。

懷疑主義的第二個目標是要尋找新穎性，以使我們將新事實納入自身世界觀。

懷疑主義不同於犬儒主義和教條主義。犬儒主義者會懷疑他人的動機，對他人的人格帶有偏見。懷疑主義者會依照數據調整思想，而犬儒主義者則認為他人會惡意對數據動手腳。若說犬儒主義者不願意相信，那麼教條主義者就是不願意懷疑。教條主義者不會思考可能會使自己對自身信念產生懷疑的問題。新創業家之所以能竄起，原因之一是在位者深陷教條中，對於情況的改變反應緩慢。

如同實用主義者，懷疑主義者會追求真相，因為對於情況的正確理解，比站不住腳的信念更有用。能幹的策略思考者會追求真相，因為真相會帶來合乎正道的成功。同樣地，對成功的追求會引導人們尋找關於世界的基本真相。比利‧比恩對傳統棒球智慧持有益的懷疑態度。魔球策略反映了對更準確的棒球隊效率模式的追求。

人們時常將懷疑主義當成分析別人、挑別人毛病的許可證。不幸的是，這些人只挑毛病，而沒有建設。我鼓勵大家在練習懷疑主義這項精

---

38 . 引自 Kathy Levine "Resilience as Authoritative Knowledge," *Journal of the Association of Research on Mothering* 10, no. 1: 133–45 中 Brigitte Jordan 的話。這句話的脈絡是在解釋不同文化中不同的小孩生產方式。

微技巧時，維持樂觀態度，並秉持「追尋更好的真相時，我們將轉向卓越、遠離平庸」的想法。

精微技巧：省思

省思是將敏銳思考應用在自己身上的精微技巧，目標是要不斷更深入理解對於你和你的組織重要的事。這些重要的事可能包括利益、價值、抱負、優點、弱點、經驗、熱情、過錯、道德。省思這項精微技巧能統整人們的學習旅程。

掙脫分心就能促進省思。我把這種省思稱作具生產力的獨處。你可以在獨自開車、剷雪，或散步時進行這件事。這樣的喘息不等於逃離不愉快的事物，而是擺脫強烈衝動的機會。具生產力的獨處能使你能檢測自身偏好、加深你對當前現實本質以及未來可能性的理解。

省思耗時且使人不自在，因為其過程不會帶來清晰明瞭的結果。省思也很耗費精力，而這也是策略思考珍貴且罕見的另一個原因。

圖 4-2 是我對威爾・泰勒（Will Taylor）的學習模型所做的調正版本。該模型的核心就是省思這項精微技巧。請注意標示為「以初學者心態啟程」的箭頭。我在第一章提過這個概念。初學者會循著一種普遍的學習流程走，起初處於天真狀態，不明白自己不懂什麼事（無意識的能力缺乏）；接著，他們會進步，將所學自然地內化（無意識的能力提升）。

人們會從經驗中學習。我們在省思自身經驗時，會獲得更強大的概念性知識。

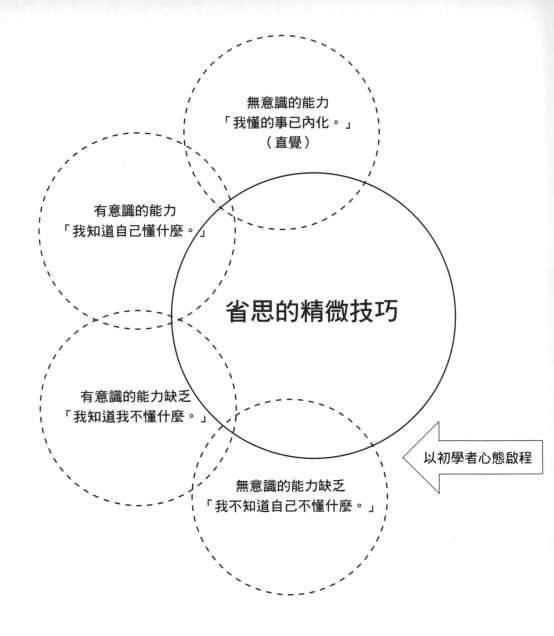

圖4-2.省思這項精微技巧引導了「能幹與精通」的進程。

　　人們的經驗是否是模式的一部分？這個模式有哪些特徵？哪些差異？

　　我們在比利・比恩和哥倫布的策略敘事中見到了累積學習的重要性。

策略的一項核心概念是，策略是一種認識組織當前和未來環境的組織性學習。組織是由個人組成的，而個人會累積資訊並內化知識。省思是打開這項資源的鑰匙。

我在幾年前訪問過達美樂披薩的執行長和多位高層，想瞭解他們成功的策略敘事。高層們在訪談結束時表示，回憶過往行動並從自身經驗中學習，是很有價值的事。當下的緊迫情勢會分散策略思考，這是普遍現象。我們在省思過去並展望未來時，總能尋找到價值。

我其他類似的經驗包括，與資深執行高層與中階經理合作，幫助他們透過省思職涯和個人品牌獲益。他們的履歷通常是記錄自己職位、對專案的貢獻、以及職責的流水帳。我鼓勵他們書寫自己的經歷，運用完整的句子，而非只是列出要點。我鼓勵他們回想自己的「驕傲時刻」，也就是自身成就與優勢。我要他們講述自己如何面對並克服阻礙的故事。畢竟，解決問題和把握機會也是策略的精髓。

省思與說故事和野心這兩項精微技巧相輔相成。以下這些問題能幫助你培養對自身觀點和價值更深刻的理解：

- 我曾到過哪裡？我學到了什麼？
- 我現在身處何處？
- 我將往哪裡去？

精微技巧：同理心

同理心是辨別他人心理狀態（情緒、邏輯、企圖）的能力。綜觀歷史，許多問題都是人們誤判他人的反應和企圖而產生的。舉個著名的例子：海珊在與美方伊拉克大使會談時誤解對方，認為美國對伊拉克與科威特的領土之爭不以為意。海珊繼而侵略科威特，卻意外收到美國與其盟友的憤怒回應。人們能夠預期他人在策略情況中的企圖和反應，心理學家把這種能力稱作心智理論。同理心對於可能涉及衝突的許多決定至關重要。

有同理心的人對於情況脈絡以及策略的影響也具備敏感度。可口可樂誤判消費者對新可樂（New Coke）的反應一事，是商業史上最大的差錯之一。口味測試證實人們偏好新可樂的味道，但該研究並沒有將既存

品牌的所有無形優勢納入考量。（譯註：1985 年可口可樂為了挽救下滑的銷售，決定以新可樂取代原有配方。然而，新可樂上市之後差評如潮，該公司因而在三個月後宣布改回原有配方。）

我將良好的聆聽能力歸納為同理心的子技巧。管理者花費太多精力說明、解釋解決方案，沒有把足夠精力放在瞭解利益相關者的利益和需求上。我們最好要能以他人的文化脈絡下思考其言語和行為，而不是帶著自己文化色彩的眼光去看。

此外，有同理心的人對於策略和策略情況固有的模糊性具備敏感度。人們在評估情況時，或許會想直言不諱地批判所有缺失，然而，在提出數據、假設和結論時，細細斟酌用字遣詞是較恰當的作法。你的同理心會幫助你注意到策略討論中的不安氛圍，並做好面對憤怒場面或各種被動攻擊情況的準備。

稍早提過，目標設定和策略兩者很不同。目標設定之所以不理想，其中一個原因是缺乏對情況的同理心（例如：忽略對手的回應）。如果你決定透過降價爭取市占率，你的對手會做出回應，並改變商業環境。

同理心這項精微技巧能強化許多其他精微技巧。同理心與說故事這項精微技巧的關係尤為顯著，因為其他參與者（以及故事的聽眾），都已經有他們對自己所說的故事了。如果你沒有意識到那些已經存在故事，或是你不提高敏銳度並感知那些故事，你就會陷入劣勢。

另一個與同理心重疊的精微技巧是野心。這個重疊很有意思。人們（以及組織）的動機和意志會隨著時間的流逝增強或衰減。策略思考的一項重要任務是要評估朋友與敵人在有爭議的狀況中願意堅持下去的程度。面對敵人，你必須評估他們掩蓋意圖的企圖、評估他們可能正在進行什麼弱化我方的行動，以及評估自己能如何侵蝕他們的意志。[40]

---

40 . 請見 Wayne Michael Hall, *The Power of Will in International Conflict: How to Think Critically in Complex Environments* (Santa Barbara, CA: Praeger Security International, 2018)。

精微技巧：個人韌性

我們繼續來談策略的 VUCA（尤其是模糊性）是人們痛苦和焦慮源頭的這個概念。人們面對逆境時會有不同反應。有些人會被擊垮、灰心喪志。有些人則會以更堅強有力的姿態回歸。

個人韌性（有時也稱作恆毅力）能幫助人們克服逆境。有韌性的人會迎頭面對世界的混亂並挑戰自己改善情況。

比利・比恩和哥倫布的策略思考敘事顯示，他們人生早期都曾受到不同事件的考驗。他們的點子都曾受阻——這很考驗信念。他們都堅持不懈，而他們的成就來自多年的持續努力，而不是來自滿足短暫需求的衝動行為。從他們的策略思考敘事中，我們會發現個人韌性有兩項基本特質：

• 有韌性的人富有創造力。這種人會正視挑戰並著手建構解決方案。為達成這點，他們會保持樂觀並相信自己能帶來改善，並精進現有作法。他們不會滿足於平庸。

• 有韌性的人富有創新力。他們會建立與他人分享資訊的支持網絡。他們會與那群人一同測試新點子，並尋求意見回饋。他們努力著眼於大局，但同時也關注細節。

以下建議有助個人發展：找一個在「小組」團隊環境中工作的機會。這種團隊指的是能隨時快速做出回應的一小群人。有許多志工團體（消防部門、教會團體、紅十字會等）都在幫助因為外在事件受苦的人。大多數公司和機構都備有業務連續性計劃，以因應組織運作受到干擾的情況。

小組工作會讓人暴露於不可預測的情況和世界的混亂當中，而傳統、線性的策略計劃對這些環境是起不了作用的。小組工作能讓人更深刻地理解自身潛力與技能，以及如何對小組的靈活度做出貢獻。此外，小組工作也能讓人體會到誠實溝通與信任的價值。

我在第九章中會簡短探討系統韌性這個相關概念。系統韌性指的是一個系統自我重整的能力（與新的動植生命會在森林大火後出現道理相同）。若說未來可能出現破壞性的改變，那麼任何組織的首要目標就是要精進自身韌性。

精微技巧：繪製概念地圖

人們在迷失方向時會感到焦慮。地圖可以幫助人們找到方向，進而減輕焦慮。許多組織高層都迷失了，無法掌握策略的概念，不知如何打造策略或向他人傳達策略。這是頗難為情的事實。地圖除了能指引方向，還能幫助人們建構並提出以下問題：

- 我能往哪裡去？
- 我該往哪裡去？

我喜歡用一個比喻來比較概念地圖與空間意義上的傳統地圖。兩者都能幫助我們熟悉周遭環境（瞭解自己的位置）以及導航（瞭解自己可以或應該往哪裡去）。任何心智地圖都可能是規範性的（描述目標方向）或描述性的（描述現實）。

地標指的是重要的特徵，而「以地標作為導航燈塔」的概念，是本書的關鍵訊息。能提供寬廣參考依據的地標，就如同現實世界中的導航信標（例如標誌著港口入口的燈塔）。如下一章所示，營運思考地圖有一套地標（即導航信標）。營運地標與策略思考地標兩者截然不同。

除了導航信標外，另外三張地圖概念也能加強實體地圖與概念地圖的比喻。[41] 這三張地圖是導航提示（幫助人們明白自身位置）、聯想性提示（幫助人們瞭解周遭有哪些值得探訪的地點），以及界線（幫助人們辨明自身的參考架構）。

人們擁有多張地圖，並以不同的方式使用它們。有鑑於組織是個體組成的，組織很可能含有有大量的個別心智地圖。組織文化會鼓勵個體改善心智地圖的連貫性。然而，組織文化卻也要求遵從性，且會壓抑微弱的中斷信號。

瞭解多張地圖的概念後，你可以提出一些能為策略思考帶來啟發的問題：

41. 請見 Edgar Chan, Oliver Baumann, Mark A Bellgrove, & Jason B Mattingley, "From Objects to Landmarks: The Function of Visual Location Information in Spatial Navigation," *Frontiers in Psychology* (August 27, 2012)，https://www.ncbi.nlm.nih.gov/pmc/articles/PMC3427909/。

- 地圖有哪些邊界？
- 地圖有哪些顯著特徵？
- 其他人用的是哪些地圖？
- 我如何知道何時該更換地圖？

合作有益策略思考。繪製概念地圖能幫助我們更瞭解當前情況以及改善組織所需的邏輯。

我在第二章說明過企業策略、商業策略、功能性策略，以及「把計劃設計當作策略」的差異。它們大概都個別需要一張地圖。

班傑明·富蘭克林的學習技巧

每位學習者都會希望把抽象概念應用到現實世界中。以下關於富蘭克林的智慧，十分有助於內化策略思考的精微技巧。

班傑明·富蘭克林（Benjamin Franklin）是美國建國元老中最受尊崇的其中一位。他在追求個人發展的過程中，辨認了 13 項有助於完善人生的美德。他的方法是每週練習一項美德。一年有 4 組 13 週，所以他一年就能練習各項美德 4 次。

富蘭克林在過世前幾年寫了自傳，他談到培養美德的方式時，表示自己從沒達到完美境界，但他的結論是：這種練習使他成為了更開心的人。

你可以運用類似的方法發展自己策略思考的精微技巧。我建議在第一週練習好奇心這項精微技巧。就算只是閱讀一篇文章（你有數以千計的選擇）這麼簡單也行。假設你的工作領域是 X（例如：醫療照護業、製造業，或化學業），你可以搜尋好奇心和 X 這兩個詞。你會發現精微技巧是能彼此相互強化的。

舉個例子：我在專注於實用主義的某週，搜尋了策略和實用主義兩個字，就發掘到關於策略性實用主義、實用性分析，和實用性能力的一些有趣的文章。這些主題都各別給了我一些關於策略思考的實用新點子。

我建議在第二週練習野心這項精微技巧。試著以更清新的觀點檢視自身履歷和個人品牌，思考自己想為自身社群帶來什麼樣的正面影響。持續每週練習 一項精微技巧，並反思自己學到了什麼。富蘭克林發掘了

成為更好、更快樂的人的方法——而你也能學習
成為策略思考的好手。

　　另一個培養精微技巧的竅門是，在發現別
人運用某個精微技巧時，開口稱讚他們。例如：
「穆里爾，我真的很欣賞你對數據抱持的有益
懷疑態度。你幫助我們都更瞭解狀況了。」或：
「吉姆，謝謝你對我們的提議抱持開放態度。
你的好奇心幫助了我們精進價值主張。」

　　除了本章列出的 12 項精微技巧，我會在之
後的章節介紹圖 4-3 中的另外 8 項精微技巧。

　　你可能已經很熟悉本章大多數的十二種策略
思考精微技巧了。你應該要練習並發展這些技巧。
當這些精微技巧成了你觀點中不可或缺的部分
時，你會發現你對中斷的微弱信號更敏感了，而
且在打造策略時更有想像力。

　　下一章將繼續幫助你精進對策略思考目的、
本質，與範疇的理解，並介紹與策略思考形成對
比的營運思考地圖。當你把注意力放在策略思考
地圖上的地標時，你就能促進自身的策略思考能
力。這種策略與營運的差異是本書基本概念之一。

好奇心
實用主義
野心
敏銳度
比喻推論
說故事
開放的心理姿態
懷疑主義
省思
同理心
個人韌性
繪製概念地圖

貶駁
逆勢主義
高品質提問
歸納推理
期望
重新框架
後設認知
勇氣

圖 4-3. 策略思考的精微技
巧。最後八項會在之後的
章節介紹。

第五章

策略思考罕見的原因

當你手握錯的地圖
它是否精準也不重要了

Why Strategic
Thinking Is Rare

營運成效與策略存在根本上的差異。
──麥可‧波特（Michael Porter）

　　策略思考在較大型組織內之所以罕見的最簡單解釋是，大多數組織中的大多數人都以另一種方式安適地運作著──那種方式是營運思考，它體現了人們在管理組織時有達成任務的日常壓力。

　　任何管理者的目標都應該是要平衡在策略思考和營運思考上分配的精力，視情況適當地來回切換。管理者必須瞭解兩者的組成要素，並把這份理解視為關鍵知識。這份知識會給予管理者分辨兩種思考方式的能力。明白兩者的不同後，我們就會明白策略思考罕見的原因。

　　我在本章中介紹了另外兩種策略思考的精微技巧：貶駁與逆勢主義。

圖 5-1. 策略思考地圖與營運思考地圖

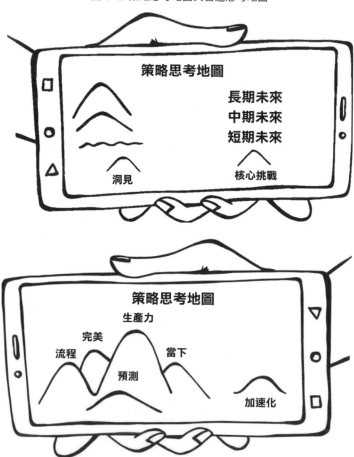

它們將幫助你把精力導向策略思考。

營運地標與策略地標

想像你手握兩張地圖，它們各自擁有圖 5-1. 中的顯著地標。

我們先從策略思考地圖講起。未來是一個顯著、能作為導航信標的地標。當有疑慮，不確定要將精力導向何處時，能幹的策略思考者會把自己導向未來。

策略思考地圖也有核心挑戰和洞見的地標。我已在第二章介紹過核心挑戰和洞見的概念，我會在第六到九章更詳細說明。

此外，請注意到短期、中期、長期未來的三個尖峰。（我在第七章會分別運用視野 1、視野 2、視野 3 的標籤，更詳細地談這三種未來。）

附錄 D 列出了更詳盡的策略思考地圖導航信標清單。

營運思考地圖是一張獨立的地圖，以「生產力」這項地標，以及另外四個以字母 P 開頭的字為主導。這些概念對於身處大型組織的人來說應該很熟悉。

這兩幅地圖點出了組織的兩個非常不同、但也相輔相成的現實面貌。營運工作是真實（且必要的），但策略工作也是。如果你想要改善營運環境，我會建議你聚焦在五 P 上。如果你想打造策略，我會建議你把營運思考地圖放到一邊，轉而尋找和探索策略思考地圖上的地標。

營運思考的五 P

營運思考的五 P 共同解釋了為何營運思考主宰了管理者的心力。營運思考反映三項個人抱負：對生產力、完美、可預測性的渴望。

生產力（Productivity）。 營運思考源於組織的存在目的，即組織的根本任務。軍隊存在的目的是要打仗或遏止戰爭。慈善機構的存在目的是要促進文化與社會的進步。公司存在的目的是要把產品和服務提供給消費者。學校存在的目的是要教育學生。所有組織的存在都是要產生某樣結果。

你可以透過辨識組織最顯著的指標來更深入了解該組織。為了實現高產出的總體目標，營運思考者會自然地偏好具體、可量化的評量標準。他們往往十分看重績效報告單、數據儀錶板、看板等常見的評量方式。人們很注重能被測量以及組織用來當作誘因的事物。

對生產力的重視為組織創造了一種日常的營運節奏。人們會接受這種節奏並把它內化到行為中。你認識那種會使用待辦清單、喜愛在框框裡打勾的人嗎？這類行為顯示他們偏好營運性思考地標。

完美（Perfection）。 營運性環境是整齊不紊的。人們渴望將混亂最小化，並假定減少錯誤（即偏離標準的情況）就能改善表現。如果人們把完美視為一股追求卓越的驅動力，那麼完美就是好事一樁。然而，許多人都以字面上的意思去解釋完美的定義，並把系統簡化為其組成元素，然後研究這些元素。他們藉此取得厲害的專家知識，但代價是賠上了對策略脈絡更廣泛的意識。

標準與類別能加速心智處理效能。將事物分門別類、做出標準反應，對人們來說是比較輕鬆的。雖然這對營運有益，但對策略來說卻是個問題，因為異常狀況、新奇事物，以及其他中斷的微弱信號被掃進標準化類別時，它們的面貌會被遮掩。我知道有幾位創業家是因為刻意忽略傳統的市場區隔分類才創造出獨特事業的。

可預測性（Predictability）。 人們喜歡例行常規，也喜歡可預測的環境。那樣不用消耗額外腦力，能保持輕鬆。

可預測性往往反映了「組織是遵循僵硬規則的機器」的比喻。決定論這個詞也有相同意思，這概念不允許有隨機性、中斷、破壞的空間——每個因都有果，每個果都有因。

預算編制這項組織工具反映了對可預測性的追求。大多組織的金流和成本結構每年都大同小異。成本比組織的收入更可預測，因為收入可能會受到整體經濟、政治趨勢，和競爭行為影響。然而，收入的規模、組合，和速率可能會對組織造成更大的長期影響。

因為預算是組織的要素,而且也是計劃的一種,人們很容易就會把策略性這個形容詞加諸到預算上,誤把預算視為策略性計劃。預算或許是計劃的一種,但將把它視為策略並不對。好的策略會著眼於核心挑戰。

流程(Process)。生產線是「流程」的好例子。流程是一種用於同步和協調生產過程的機制。小型組織會投資在流程上,因為那能使他們拓展規模並尋求成本效益。大型組織會投資並持續改進流程,因為那可以提高效率,從而強化自身力量和影響力。

流程是追求生產力、完美,與可預測性的合理產物。流程強化了這些追求的連貫性,這導致流程特別著墨於「當下」(第五P)。各位可以透過圖 5-2 檢視其邏輯。

流程的影響與其伴隨的人員專業化,在組織日常工作與外部環境的模糊性之間形成一道屏障。組織在消除模糊性的同時,也消除了焦慮與分心的來源。可嘆的是,對策略思

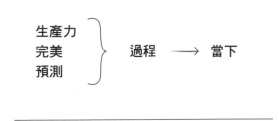

圖 5-2. 流程能強化營運性抱負,並增強對當下的聚焦

考來說,流程可能會掩蓋中斷的微弱信號,使人們在面對非標準事件時難以主動採取因應措施。

當下(Present)。曾有人告訴我關於一間大型航太公司營運經理的事。由於這間公司需要花費數年推出新產品,因而要求營運經理為長期計劃盡點力。但該經理拒絕了,並驕傲地表示:「我從來不探究超過 90 天後的未來。」營運經理們可能會認為未來導向的策略不著邊際,對它感到不以為然。

許多人會專注於短期計劃——原因可能是,組織的起落造成了工作上的限制、或文化使然,又或者他們的腦力已耗盡。第五P是先前提到的其他四P的產物:當人們更專注於生產力時(或專注於過程、預測、完美、

可預測性），他們就越會覺得組織的日常工作消耗了他們的腦力。

從營運思考地圖移動至策略思考地圖

　　營運思考是個具有連貫性、反映文化力量的世界觀。在本章接下來的段落中，我將說明三個擁抱策略思考地圖的大致方法。第一個方法涉及運用兩張地圖上都有的地標，將它們作為橋梁。第二個方式是更巧妙地運用流程這項地標。第三個、也是最激進的方式，是不理會營運思考地圖，主張它完全沒有價值。

運用共同地標中轉銜接

　　你可以透過尋找營運思考地圖和策略思考地圖的共同地標，並把它們當作銜接概念的橋樑來培養自己策略思考的能力。你可以在這個橋樑上兩邊來回移動。圖 5-3 描繪了五個地標。

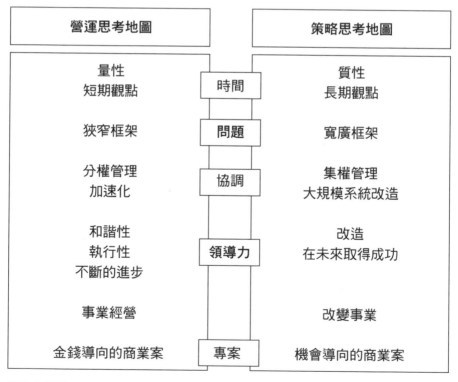

圖 5-3. 尋找共同地標，並把它們當作連結營運思考地圖與策略思考地圖的橋樑。

時間。 在營運地圖上，人們會以時間增長的單位（如日、月、年）標記時間。營運思考者會自然偏好固守量性心態，並以長期計劃的概念代替策略。

能幹的策略思考者不會以時間作為衡量標準，而是會思考不同系統的特質。時間不是衡量單位，而是尋找機會的所在。遙遠的未來會有新的主導概念：不同的假設、不同的價值流動、不同的資源以及新的可能性。

議題。 議題管理是很直觀的管理活動。它始於掃描、察覺、宣布某些需要管理的問題、機會或擔憂。許多人會將這些問題記錄在持續更新的日誌中。在日誌中，問題會被歸類為未解決或已解決。議題管理的關鍵任務在於利用分析、決策，和資源整合解決問題。

橋梁的營運那一邊（相較於策略那一邊）問題都較短期，且框架較狹窄。這反映了「策略是回應特定問題的專門工具」這項定義。我在下一章將介紹一些工具和概念來幫助各位掃描並管理策略問題。

資源協調。 請留意圖 5-1 中營運思考地圖中較小的地標（靠近生產力）：加速化。加速化是指透過日常資源和優先順序的協調達到生產力目標的過程。加速化與策略思考地圖中的「重組」互補。重組是對組織流程以及有形和無形資源的重大協調過程。合資企業間的流程調合和資源結合即為策略協調的一例。

無論是在營運思考地圖或策略思考地圖上，協調都是有代價的。加速化的代價會反映在加速化人員較高的薪資上，或是反映在以高優先度專案打斷低優先度專案的花費上。有鑑於生產力的重要性，加速化已然成為常規的預算開銷。

策略的協調難度與開銷都更高。策略決策可能涉及關閉產品線或放棄顧客群的政策決定，那意味著可能要解雇長期、有價值的員工，而解雇的理由可能單純是他們的專業與組織的新走向已經不那麼相關。那也意味著公司可能會推遲發放股利，把資金用來提高研發預算。

我先前提過預算是預測工具。預算也是協調工具。會計學有兩項重

要概念：營運支出與資本支出。營運支出是組織運作以及整合許多其他組織活動（如生產計劃、聘僱計劃、財務計劃）所需的支出。資本支出是指在會計準則中被視為會折舊的資源。資本支出有時是用於改造商業模式或採取新模式，這種支出可能會為組織策略帶來洞見。

領導力。領導力是種個人能力，涉及兩個彼此關聯的選擇。第一個選擇是領導者對於改善整個團體的重視（而非重視自身舒適）。第二個選擇是使用影響力技巧的意願（而非動用組織賦予的正式權力或行政性技巧）。

對生產力、完美與可預測性的追求，主宰了營運思考地圖。在該地圖中，我們預期領導者透過影響力，促使他人追求卓越的執行力、和諧的人際關係、毅力，與持續增進的進步。領導力補強了計劃、控管、行政這些平凡的管理功能。

策略思考地圖上的領導力包括幫助他人朝著指引成功的導航信標努力、辨認中斷及其他棘手的真相、尋找與察覺洞見，以及創造新敘事（以及解決或揚棄相互衝突的敘事）。

專案。專案和專案管理對營運或策略來說都是實用的工具。營運專案專注於改善現有系統，如改善品質或流程。專案經理會把優化視為主導概念並參考量性指標，而這些指標通常涉及財務議題，如投資報酬率或投資回收期。經理會小心地審視這些專案的經濟效益，並透過安排專案的優先順序來最大化財務收益。人們時常假設他們在佈局專案時就已經取得所有相關資訊了。我把這種專案叫做營運型專案（run-the-business project）。

另一種是改變型專案（change-the-business project）。這種專案在本質上具有改革性，且時常以或大或小的規模影響組織的現狀。量性財務指標對於改變型專案比較不那麼重要，因為人們很難去測量組織模式之於環境的適性。企業的整體改善有時需要仰賴組織中某些部門犧牲它們局部的短期績效來達成。

任何組織都會面臨平衡營運型專案和改變型專案組合的挑戰。更具體來說，組織的目標是要確保有足夠資源投資在改變型專案上，即便這種專案在本質上有模糊性，而且可能不具最強的財務效益也一樣。

許多營運型專案的議題都有立即且緊迫的特質，這是營運工作的固有特點。營運型專案是比改變型專案更安全的投資。

我在第一章中提過，許多經理會玩文字遊戲，把自身專案貼上「策略性」的標籤，以獲得贊助和優先權。我在此提醒讀者要留意並避免這種指稱。我認為辨認與組織策略價值一致的專案，並將它們稱作改變型專案，是更好的作法。

把策略視為藝術（而非流程）

區分營運思考和策略思考的方法之一，是對以下三種組織活動：流程、慣例、藝術，培養更細膩的理解。在使用正確定義的前提下，我主張策略從來都不是一種流程，策略大多數時候是一種藝術。

我們往往會發現流程一詞出現在人們職位名稱或部門名稱中，且與諸多運作事宜（如工程流程、人力資源流程，或銷售流程）搭上關係。[42] 流程一詞意味著一連串受到管理、且效率能再提高的工作。流程的狹隘定義是軟體或機械工能以自動化作業取代人工需求的過程。大多成熟的組織都有許多「原本完全人工作業、但現在完全被自動化取代的工作」的經驗。

藝術的核心特徵是個人偏好。大多數經理都不喜歡用藝術一詞（本質上具創意性的組織除外，如廣告公司或電影公司）。對抱持營運思考心態的人來說，藝術一詞指涉的是不具連貫性的活動，而且進行那些活動的人都帶有偏見與主觀資訊。藝術一詞意味著事情超出掌控。

無論管理者的偏好為何，把策略形容為一門藝術是再貼切不過了。[43]

---

42. 我在領英（LinkedIn）上搜尋流程副總（Vice President Process），搜尋到超過 3.4 萬筆相應職稱和超過 4 千筆含有該關鍵字的招聘啟示。

策略作為藝術的其他例子包括打造複雜的銷售計劃或合併兩個組織。藝術的特徵是靈感來源與產出作品五花八門，而人們是否能接受其內涵會涉及主觀意識。

我發現「策略作為藝術」的主張會令那些偏好「組織作為機器」比喻的人感到驚愕。他們認為：客觀是好事、主觀是壞事；量性測量是好事、質性指標是壞事；控制是好事、混亂是壞事；風險需要避免。換言之，這些人的心態著重於生產力、可預測性與完美。

在某些組織中，策略計劃流程、策略管理流程，與策略流程這些名稱很常見。但這些名稱屬於誤用，不符合上述辨別流程的標準。此外，在自動化軟硬體的嚴格定義下，策略不太可能被定義為流程。最恰當的作法是將藝術一詞視為策略根本特質的指稱，因為策略的結果仰賴個人的技能與態度。流程與藝術之間的妥協地帶是實踐。實踐過程能讓個人有空間運用其風格或判斷達成大家一致同意的結果。大部分的標準化計劃和報告都是實踐過程的結果。這好比一份文件會有固定格式，但是文件作者能運用其判斷力決定需要強調哪些內容，並根據自身偏好書寫出來。

組織可以將「策略作為藝術」發展到「策略作為實踐過程」的境界。組織會需要對策略的產出與輸入進行標準化。組織內部需要對策略的輸入性術語定義達成共識，這些術語包括：微弱信號、信念、核心挑戰，與假設。相同地，策略的產出也需要通用定義，特別是針對以下形容詞：有力、良好、精明，與強大。策略書寫的標準格式（如第二章與第八章的例子）能作為實用的樣板。

精微技巧：貶駁

本章節另外介紹兩項策略思考的精微技巧來擴充在先前章節提過的 12 個精微技巧的。

---

43. 欲瞭解更多關於流程、實踐，與藝術的內容，請見 Michael Grieves, *Product Lifecycle Management: Driving the Next Generation of Lean Thinking* (New York: McGraw Hill, 2006)。

Devalorazation（貶駁）是法文字，意思是貶低或貶抑某樣在文化中受推崇的事物。這個技巧很簡單：選一項在主流文化重視的事物，接著想像相反的情況，並建構能支持你這項非正統觀點的論點，然後探討其中的意涵。

貶駁生產力。舉個例，我們來建構出一個假說：生產力是個毫無用處和價值的抱負。在貶駁的過程中，我會想像人們不應該太有生產力。這個論點其實很合理，畢竟我們在職場上常常收到以下建議：睡眠要更充足、給自己放長假、追隨自己的宗教傳統，讓自己休息一天、投資自己的社交關係、投資自己學習新技能。

其他反生產力的論點包括工業化——即生產力的體現——會帶來負面效應，如：環境破壞、產品安全疑慮、童工、不人道的工作環境。確實，這些是企業社會責任聲明中時常出現的主題。

大多現代企業都不只有對生產力感興趣，它們也明白平衡生產力與諸如社會正義、環境責任，和人性尊嚴等議題的好處。這些超脫生產力的議題強化了本書對策略的定義以及第二章的策略書寫模板。

拓展實踐。我鼓勵各位對營運思考地圖上的其他概念建構貶駁論述。以下這些答案些能幫助你確認你是否瞭解貶駁其他四P（可預測性、完美、流程、當下）的意義。與其重視預測，不如欣賞隨機事件與機緣巧合。與其重視流程、並將其視為達成工作的方式，不如更強調工作中的創意面向（藝術性）。與其重視完美，不如著重於機會的發掘（而機會剛好最容易在 VUCA 的混亂環境中找到）。與其專注於當下的忙碌，不如專注於「未來將有所不同」的確定性上。

把褻瀆當作貶駁的工具。褻瀆用語之所以褻瀆是因為它不是社會常規的一部分。褻瀆用語時常被用來製造駭人的效果。褻瀆用語也是策略思考的實用工具，因為透過把公認的常規看作是有問題的，人們能打開心胸接受新奇的概念，從而達到突破或帶來知識革命。

gay 一詞即為褻瀆用語的一例。（譯註：gay 有同性戀的意思，也有心情愉悅的意思。）數百年前，若對別人說「你很 gay」時，對方大概會認為你在說他心情愉悅。數十年後，人們把 gay 一詞作為詆毀他人性傾向的褻瀆用語。近年來，這種褻瀆的意味已式微。大部分的當代文化都接受非傳統的性傾向，其中某些族群甚至擁抱這些傾向。

以下列出幾個可謂符合褻瀆定義的詞語：宗教性、家庭、人脈、教育、自由主義、保守主義、國族主義、制度主義、社會主義，與資本主義。

思考褻瀆用語後，你會開始對社會和文化的力量產生疑問。特定階層的人制定公認的規範、價值，和行為的權力。他們決定何為神聖、為何褻瀆。但人們不可能永遠掌權。我們可以透過思考權力平衡的變化獲取洞見。

另一個與褻瀆（某些人認為這個詞太激進和非傳統了）有異曲同工的辭彙是傳統毀壞者（iconoclast），這個詞字面上指「粉碎偶像的人」。傳統毀壞者指涉堅決排斥其他人所珍視的信仰、機構、價值，或行為的人。許多著名的創業家都曾被人稱作傳統毀壞者。

另一個練習貶駁的方法是想像自己是逃離家鄉危險的難民。你可以想像自己正在逃離營運現狀來培養策略思考能力。你將帶回不同世界的知識返家。瞭解兩張地圖後，你的價值和觀點會有所提升且變得更成熟。

想像自己是某個團體的新成員（也就是一個外人），並想像外人所認為的非傳統、非正統、瘋狂、不相關、不正常、不合理，異端的事有哪些。這項練習可能會使你感到不自在。但也請別難過，因為其他策略思考者也都曾被人形容是奇怪、古怪、怪異、愚蠢，和危險的。

雖然貶駁可能會引起不自在，但這種感覺不必體現在他人能察覺的行為上。這種不自在單純是擾人、但可以受到控制的暫時心理狀態。

沒有人需要知道你在進行策略思考。你不必與任何你不信任的人分享想法。

宣言。我鼓勵各位整理自身意見並書寫一份宣言，作為發展策略觀點的工具。附錄 C 提供了策略思考宣言的例子以及一些書寫激進宣

言的訣竅。

精微技巧：逆勢主義

若說貶駁是一項關於想像力的精微技巧，那麼逆勢主義就是外顯的行動。兩者都透過脫離傳統和正統觀點而帶來益處。逆勢主義是，別人往走左，你往右走。逆勢主義者認為常規、習慣、群體行為往往會帶來負面效應，導致自滿、鬆懈，和注意力渙散。某些人在性格上就有逆勢特質，他們的行為會自然體現這點。他們會刻意打扮得與人不同，或對任何議題都能爭論，或會試圖震驚他人。

一個練習並展現逆勢主義的小技巧是提筆簽名，接著再用非慣用手簽一次。你的非慣用手可以完成任務，但過程會感覺不順暢。逆勢主義是個人韌性這項精微技巧的延伸，使人們能在歷經改變的局勢中發想新的運作方式。

逆勢主義會促進靈活度和學習成效。當你規律地以與眾不同的方法做事時，你的行會為你的思考帶來新模式。在改變習慣的同時，你也等於在拓展舒適圈、擁抱新奇事物，並增進自己的策略思考能力。

把腦力改用於策略思考上

人們很容易沉浸於營運思考地圖中，而忽略策略思考地圖上的地標。管理者覺得很難騰出時間進行策略思考。專注力管理（而非時間管理）應該作為他們的優先考量。宣稱自己「忙到沒有時間進行策略思考」的管理者，言下之意是「策略在此刻並非優先考量」。無論你事業有成、生活平靜，或是充滿壓力，大家每天都過得一樣長。講句老生常談，人生的重點不在於擁有多少時間，而是在於如何運用所擁有的時間。

營運思考和策略思考並非完全壁壘分明。理想上來說，人們應該發展各種思維方式間的平衡，並視情況切換這些方式。我們會在第十一章談論後設認知這項察覺與調節自身行為的精微技巧。

在那之前，我先提供以下小技巧：每當你注意到自己把忙碌當作藉口時，就捐款給慈善機構。

文化是習得的（也可能被遺忘）

文化是個與策略和營運都有關的廣泛主題。大多數人都同意文化包含一套共享價值（對好壞的評斷）、信念（對因果關係的理解）、以及假設（即把哪些事物看作理所當然）。

文化一詞的簡單實用定義是「一群人共同習得的事物」。這些事物包括自身起源、自身優勢、自身未來。的確，我們的家庭、教會、學校和組織都竭盡所能地在成員身上灌輸共同價值和信念。

組織會在新進人員身上留下文化烙印並影響其行為。任何在大型組織中待過的人肯定都曾與充滿熱忱與新點子的新人互動過。可嘆的是，他們會逐漸沉浸在組織的營運分工以及官僚規範和流程中，隨著時間流失動力和新點子。解決日常問題的侵蝕性壓力以及政治內鬥所消耗的元氣都是不容忽視的因子。傑拉爾德‧溫伯格（Gerald Weinberg）解釋說，個體容易吸取文化的價值和癖性，但文化較難受到個人行為改變：「醃漬黃瓜時，鹽水容易滲入黃瓜，但反之則難」。[44]

組織對生產力、預測、完美的價值有根深蒂固信念。組織的營運文化如醃漬用的鹽水般滲透性地影響人們策略思考的偏好。

創業家優勢？

強大的營運文化是組織的資產，它能使一群個體建構出具規模與影響力的經濟體。

營運文化是維持現狀的力量，這很少有例外。它帶來集體盲目的風險，造成人們忽略可能攪動未來的中斷（機會與威脅皆然）。

外在環境會不斷改變。檢視歷史就會發現一個模式：新興組織會取代僵化組織。約瑟夫‧熊彼得（Joseph Schumpeter）提出創造性破壞（creative destruction）一詞來形容「一種工業突變，其不斷從內部徹底改變經濟結構，不斷摧毀舊結構，不斷創造新結構。」[45] 許多具

---

44. 請見 Gerald M. Weinberg, *The Secrets of Consulting: A Guide to Giving and Getting Advice Successfully* (New York: Dorset House Publishing, 1985)。

説服力的論點都主張,具非傳統與策略思維的創業家是經濟活力的泉源。或許政府政策應該鼓勵現有組織與創業家擁抱干擾和混亂。

策略思考罕見的原因

有效的策略思考之所罕見的原因有很多。彼得・杜拉克(Peter Drucker)的名言:「文化把策略當早餐吃」有很強大的潛在意涵。我來以更細緻的方式重述這句話:營運文化提倡的思維方式把策略思考推擠到邊緣了。由於大腦的專注力有限,也由於習慣與捷思法根深蒂固於心理機制中,營運作業消耗了人們大部分可運用的腦力。

營運思考很重要,但策略思考也至關重要。你的個人成長任務是要熟悉這兩種概念。大多人都花時間在營運思考上,而你的任務就是要挪出時間練習策略思考。

如果說文化是指人們共同學習下的產物,那麼若有越來越多人能有效進行策略思考,策略思考的文化也能等比例地受到帶動。有效的策略思考面臨持續的危脅,這項威脅來自那些篤信流程管理和最佳實務的營運思考者。

在本章中,我在先從大家熟悉的領域講起,接著冒險談起非正統的領域。下一章我會使用類似的技巧,從大家熟悉的概念:專案發起(章程)開始講起,繼而探討策略模糊前端中的地標。我把策略思考解釋為「察覺微弱信號、釐清那些信號、清楚表達核心挑戰、建構策略邏輯,並設計具有組織性的行動與實踐策略」的企圖。

---

45. 熊彼得的話引自 *The Secrets of Consulting: A Guide to Giving and Getting Advice Successfully* (New York: Dorset House Publishing, 1985)。

第六章

策略的模糊前端 46

把微弱信號轉為可行行動

The Fuzzy Front End
of Strategy

我一直以來都有一股想推翻系統、提出創新、超越以往的驅動力。
山姆・沃爾頓————（Sam Walton）

　　專案是人們熟知的組織性地標。理論上，所有專案都起於專案章程。那代表組織正式投入資源和領導來追求組織所重視的結果。通常而言，章程會訂定專案小組、專案經理、以及專案範疇。這項資訊會成為計劃與執行專案的資訊來源。接著，專案小組會計畫工作內容並展開工作。當專案通過需求驗證，或當管理階層決定將資源移往別處時，專案就算告終。

　　專案經理要問的問題是：「組織在投入策略專案前需要做什麼準備？」這是個很合理的問題。答案是，組織需要根據所確定的核心挑戰進行策略的合成（打造）。在組織決定核心挑戰為何之前，其成員必須各自留意並釐清內外部環境的微弱信號。

策略思考地圖的關鍵地標：核心挑戰

　　所有組織都有許多利益、議題、利益相關人，並存在績效差距。若要確認核心挑戰，成員必須對以下關鍵問題有共識：對於組織所面臨的最大挑戰，什麼是我們能著手處理的？

　　關於核心挑戰的知識能幫助我們解答諸如以下問題：

- 哪些利益考量和議題對於組織的長遠成功最重要？
- 哪些專案和計劃與策略價值一致，而哪些又與營運價值一致？
- 組織是否應該忽視先前為營運所投入的沉入成本？
- 組織應該分配多少資金到營運型專案和改變型專案中？
- 組織需要取得更多資金來追求新的投資機會嗎？
- 組織應該選擇追求現存商業模式外的機會嗎？

---

46. 模糊前端（fuzzy front end）一詞常見於新產品開發環境中。這個詞指的是一個階段，創新者會在此階段中，在某個具不確定性的空間中尋找機會，這些空間的特徵包括無法預測的市場需求、科技可行性，以及偽裝企圖的對手。模糊前端與較結構化且正式的後端形成對比，後端涉及設計具體方案、建構行銷計劃、產生前述方案、在市場中發布方案，再過渡到持續性的商品管理活動。產品開發者會主張，前端活動的品質會決定創新的成敗。

這些問題的答案可以幫助組織專注於會影響其未來成功的利益考量與議題。

核心挑戰一詞在語意上有一些重要的細緻意義。核心這個形容詞鼓勵人們把注意力導向一套關鍵議題上。核心代表某件事物的中心，因此意味著對於集權決策的需求。這種決策會由組織總部部門（通常位於組織的中心）負責。分權一詞指涉由更貼近組織局部性議題的人所作的決策。

策略打造地圖

圖 6-1 的用意是要協助建構關於策略思考與策略打造更完整的敘述。該圖以從頭到尾、從前到後、從開放到關閉的方式，說明了想法匯流成策略的過程。請注意，該圖呈漏斗狀，左邊較開放，右邊較狹窄。右邊描繪了章程的里程碑以及相關的專案計劃與執行過程。核心挑戰位於圖示中央。

圖 6-1 將策略的打造分為三階段：策略的模糊前端、策略的結構化後端，以及策略的計劃設計。請留意「我們相信」、「我們選擇」與「我們調整」這些引語。這三句短語聯結了第二章的策略書寫技巧。

策略的模糊前端。 策略中最朦朧、模糊的概念會出現在策略的模糊前端中。VUCA 在其中最為顯著。人們的心理態度在開闊的那端（相較於狹窄的那端）較具質性與非線性特質。

模糊前端的主要活動是感知，即察覺會影響組織利益的新興中斷指標（微弱信號）的行為。其他適合替代「感知」的詞彙包括：掃描、探索、尋找、研究、蒐集、揉合資訊。人們會注意到有趣的事物，如模式、趨勢、巧合、奇觀，或異狀。這項活動能以非正式的形式進行，如閱讀報紙或與同事交談，也能以較正式的方式進行，如進行研究專案。[47]

---

47. 奇物、巧合、異狀這些詞使用於 Gary Klein, *Seeing What Others Don't: The Remarkable Way We Gain Insights* (New York: Public Affairs, 2013)。本書第九章探索了上述項目對於激發洞見的價值。

在此階段，人們會發展對組織內外現實本質的信念。正如我們會在第十二章中談到的，策略的一項重要任務是要透過談話來調和個人信念。在談話中，人們會各自表述、討論、測試其信念，並促成共識。

打造策略的艱苦過程包括建構對於情況本質的集體共識。

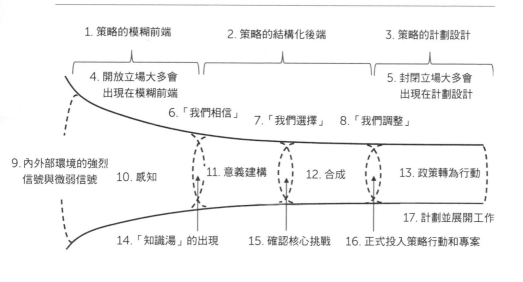

圖 6-1. 策略從模糊前端轉為行動的過程。提示：請由右邊（相對熟悉）讀到左邊（不熟悉）。

策略的結構化後端。模糊前端強調多元思考，而結構化後端涉及匯集想法，並達到對情況理解的共識。在此階段，策略思考者會進行意義建構與合成活動。

意義建構是人們詮釋並賦予信號意義的心理過程。這些意義涉及對當前現實的假設、未來可能性，以及對組織資源之於環境適性的評估。

許多人都認為表達自己的信念會有風險。試想，若有一位商務人士激情表示：「我認為會有新對手出現搶我們生意！」我們不難想像會人彷彿經歷靈性頓悟般地熱情回應道：「天啊。沒錯！」

儘管熱情是一項崇高的特質，熱情的基礎有時是薄弱的數據，而且

可能會讓事實誇張化。相反地，試想同一個人以實事求是的口吻表示：「我對我們能在未來維持市佔率存疑。」這種以懷疑為中心的觀點可能較容易受到數據和假設的支撐。

人們會利用地圖代表他們對現實的觀點。有時人們會把地圖誤認為真實地貌，而忽略自身心理地圖的來源。舉例而言，無數金融交易員每天都要做出無數關於買賣金融契約的決定。他們會觀察一段時間的價位趨勢數據，尋找其中的模式以及模式的變動。但是他們會把圖表當作市場本身，而不是把它視為市場的模擬。凡・沙普（Van K. Tharp）建議建議金融交易員區分自身信念與現實。他警告道：「你無法買賣市場，你只能買賣你對市場〔本質與方向〕的信念。」[48]

心理合成（mental synthesis）是一種神經學現象，其中涉及特定神經元，僅會在人們看見或想像特定對象時觸發。合成指涉心理概念間的配對過程。假設你擁有關於母親的特定神經元，也有關於藥丸的特定神經元，那麼當這些神經元同步時，你會想像到母親吃藥丸的意象。

同理，假設你擁有關於核心挑戰以及創新的神經元，那當這兩個神經元同步時，你就可能會發想出新的解決方案或從別處捻來某個點子。

延續以上關於心理概念配對的討論，請思考下列策略用語：組織資源的策略能量、情況限制、偏好、進步的阻礙、好處、成本、犧牲、妥協、信念、賭注、主導概念、洞見、行動，和選擇。

最後，心理合成的關鍵概念之一是：策略涉及關於選擇的政策。身處官僚組織的人會發現政策一詞時常被當作書面程序或指示的代名詞。就組織策略來說，政策是一種以達到期望結果為導向的決策模式。政策能幫助人們回答以下問題：

- 人們期望的重要結果是什麼？
- 需要避免什麼事？
- 方法、資源和目標的可能配置範疇為何？

48. 請見 "The Psychology of Trading." http://www.vantharp.com/tharp-concepts/psychology.asp。

• 該採取什麼行動？

意義建構與心理合成活動進入尾聲時，資訊會變得具體、清楚，且可行。在書寫策略時，「我們選擇……」指的是團體為了處理核心挑戰，對方法、資源、目標進行的同步合成。這種合成會產生政策、舉措，和專案。

策略的計劃設計。圖 6-1 描述了三種階段。第一階段是策略的模糊前端，第二階段是策略的結構化後端，第三階段是策略的計劃設計。第三階段涵蓋籌備策略性舉措時所涉及的方式和資源。

策略性舉措是一項能夠拉近與預期成效間差距的工具，通常用於計劃管理架構中。這些計劃所產生的決策會運用資源來使現有的營運作業與策略目標一致。（計劃的定義是透過計劃領導者的協調專案來達成綜效作用的一系列專案）。此後，組織才會投入、規劃、並執行專案。

探測

探測活動會出現在策略思考地圖，但很少出現在營運思考地圖中，因為營運性思考者通常專注於不會失敗的行動上；換言之，他們會確保任何舉措都會成功。相反地，探測活動是失敗也無妨的工具，作用是要獲取洞見或更加瞭解新興現象的特質。

「實地探訪」（gemba visits）[49] 是探測技巧的一例，其功能是辨認尚未被提出的客戶需求或改善營運流程的機會。實地探測的其他例子包括：將一套收集數據的儀器送進外太空，或檢察官在偵辦時大範圍搜索政府官員違法的證據。西洋棋棋手會將士兵當作探測工具來瞭解對手回應新情況。

以下兩個問題有助於引導策略者的觀點，為一系列可能的結果做準備：

• 如果探測過程發現有想增進的好處，我們會怎麼做？

---

49. Gemba 是日文，意思大致是「進入田野觀察真相」。這是人們在開發新產品和改善品質時廣泛使用的觀察技巧。

• 如果探測過程發現有想抑制的威脅，我們會怎麼做？

優先考慮脈絡式式設計而非定點式設計

脈絡式設計對策略者頗受用。脈絡式設計與定點式設計形成對比，後者反映傳統的線性思考。脈絡式設計最適合應用在充滿 VUCA 的環境。在該環境中，人們必須尋找微弱信號，並探測明顯表面下的事物。

有個比喻有助於說明脈絡式設計的實踐。想像 19 世紀一位有意尋找地下金礦脈的淘金者眺望崎嶇的峽谷。在此比喻中，這位策略性淘金者身處策略的模糊前端。

脈絡式設計的關鍵實踐是在初期就不斷搜尋限制。[50] 策略性淘金者的限制包括：挖掘工具只限於由驢子運載的基本手持工具；崎嶇的山峰和深沉的湖泊難以深入；周遭可能有危險的野生動物；食物僅夠供給數週。這些限制定義了未來可供探索的地形。

就現實而言，這位策略性淘金者最有機會在兩種地形中找到金礦。第一，她有機會在山坡上的山洞中找到金礦。當她找到山洞時，她會仔細尋找黃金存在的證據，接著展開挖掘。若採取這種選項，淘金者受到野生動物威脅的可能性較高，因為山坡和洞穴可能是牠們的棲地。

第二種地形有小河穿過山谷，河流侵蝕著河谷、暴露出金礦。稍早提到的探測技巧較可能使用在此河流所形成的高潛力空間。策略性淘金者需要做的單純是定期收集樣本並以清水淘洗，除去較輕的顆粒，藉此判斷每份樣品中的含金量。然後，假設較高濃度的金已被沖出密度較高的金脈，她就能開始在河床最理想處開鑿。

另一項脈絡式設計的實踐稱作決策刪減，涉及辨認並消除最薄弱的解決方案。以淘金的例子來說，有鑑於野生動物的威脅以及需要的勞力，搜尋洞穴的選項可說是較弱的。而在河底採樣的選項似乎能為策略性淘金者提供更多機會。

50. Preston Smith 在其著作 *Flexible Product Development: Building Agility for Changing Markets* (San Francisco: Jossey Bass, 2007) 第五章中，對脈絡式設計做了出色的介紹。

脈絡式實踐讓淘金者能保有彈性。她可以透過納入新洞見與改善自身選擇來發揮優勢。她可以避免過早以高昂的代價押下所有賭注。她透過保有彈性強化靈敏度。

相反地，這位策略性淘金者也可以運用定點式設計——而非脈絡式設計——來進行探測。她可以選擇一個定點，致力於在那個點挖掘金脈。然而，她會因此忽略（或忽視）「黃金可能不存在於那個點」這個令人不自在的不確定性。她已啟動的營運思維會使她把專注力放在挖掘過程的優化上。定點式設計類似組織的目標設計，兩者的相同之處在於，人們會選定最初認為的最佳方案，然後把專注力全部投注在執行該選擇上。

定點式設計類似我在第四章提到的解套設計，即「將腦力放在促進方案上、而非用於全盤理解策略脈絡的傾向」。尋求解套的人在察覺問題後會想像出一項解方，然後著手執行。

策略思考精微技巧之一的「繪製概念地圖」可以用來解釋脈絡式與定點式設計的異同。脈絡式設計涉及一張地形地圖，人們可以透過參考該地形評估機會與威脅。脈絡式設計有助於人們把策略的廣大地貌想像成一片片充滿機會的區塊，而人們在那些區塊中能調配工作的優先順序。對此，你的目標是要獲取資訊，並限制自己進行難以逆轉的初期投資。

相反地，許多營運管理者聽到地圖一詞馬上會聯想到一張指引通往未來每個步驟的路線圖。能快速做出決策固然令人滿足，但這種習慣會限縮人們的彈性。

如下一章所示，未來識讀力包括以下概念：探索導向的預期心理、機會搜尋，以及未來形體。

精微技巧：提出高品質問題

各位應該還記得我在先前章節說過策略思考有 20 項精微技巧。如果各位有在數，就會知道這是我介紹的第 15 項精微技巧。它的應用範圍超越策略領域，且涵蓋領導力、商業敏銳度以及創新。它與其他精微技巧（特別是好奇心與懷疑主義）能產生加成效果。

策略可能是漸進式的，但也可能涉及對於重大新興機會的大膽追求。

這兩種方法採取哪一種很大程度上取決於人們在打造策略時提出了什麼問題。史蒂芬‧弗蘭奇（Steven French）寫道：「若想創造較好的策略，就要尋求高品質問題的答案，而不是尋求低品質問題的高品質答案。」[51] 低品質問題的答案通常是關注解套而非關注挑戰的簡單答案。

舉例而言，低品質問題可能是：「我想要做什麼？」或是：「最佳作法是什麼？」這些是了無新意、乏味、缺乏創造且很傳統的問題。能幹的策略思考者的關鍵目標之一是要提出更多且更好的問題。具有模糊性意識的策略思考者會問：「我們要試著回答哪些問題？」或是：「我們問的問題是對的嗎？」我們通常可以透過拓寬自身觀點促進這類問題的產生。

好的問題可以引導我們到大膽的策略。請想想字母控股（Alphabet）子公司 Google X 的做法。Google X 正在嘗試解決大規模問題，該公司把這項行動稱之為登月計劃（Moonshot）。記者德瑞克‧湯普森（Derek Thompson）在與該公司員工相處後的報導指出：「登月計劃不始於腦力激盪出聰明的答案，而是始於努力尋找對的問題。」[52]

精進提問的技巧。

當你挑戰自己提出重要而不陳腐的問題時，你就等於在精進自身的策略思考能力。這是一個不斷精進的過程。最初的提問肯定都有改善空間。在過程中，我會利用「好、更好、最好」的問題建構技巧，並運用以下 0-1-2-3 的等級架構作為輔助。

- **等級 0 ── 不提問。**

反之，人們會替換對情況和抱負的假設。人們不提問的原因有很多：或許問題的答案可能會使他們的工作增加；或者，向地位比自己高的人提問會使他們覺得權力被剝奪；抑或，他們認為問題的答案可能會很模糊。

51. 請見 Steven French, "Re-framing Strategic Thinking: The Research – Aims and Outcomes," Journal of Management Development 38, no.3 (March 20, 2009)。
52. 請見 Derek Thompson, "Inside Google's Moonshot Factory," The Atlantic (November 2017)。

- **等級 1 — 提出平庸（低品質）的問題。**

平庸的問題很乏味且制式化。低品質問題通常會導致目標的產生或設定。（請見以下例子 1──其問題是：「我們有什麼願景？」）無論如何，任何問題和答案可能都勝過沒有任何提問。

- **等級 2 和 3 — 提出好與再更好的問題。**

任何提問都有改善空間。好的問題能促進縝密的思考，拓展並深化對於利益和議題的理解。

以下兩個例子提供了運用「精進問題」這項策略技巧的例子：

- **例子 1 — 「我們的願景為何？」**

我在第二章中批評願景，說它會把策略的目的從方法和資源中分離。

另一個關於「願景為何？」提問的缺點是，人們往往是很制式化地提出這個問題，彷彿只是想乞求權威人士提供單一正確的答案──這會導致菁英主義。此問題涉及一個人們不太察覺、但問題很大的假設：即遠景有非同尋常的預測能力。

「遠景為何」的提問在策略中屬於平庸的提問。尋找能促進開放心態、判斷力，和洞見的問題才是較理想的做法。

「組織可能成為什麼樣貌？」是較好的提問，因為它能開啟一系列關於未來的更寬廣的概念與假設。這代表我們開始願意思考與我們期望不同的未來以及被視為較不可能的未來。可能一詞帶有不確定的意味，而成為一詞則意味著我們現有的能力會演化成不同形式。如果你的想像力夠充沛，你可能會想出一些荒謬（但可能很有用）的點子。這是等級 2 的問題。

「對組織而言，未來的形體會是什麼樣子？」是又更上一層樓的提問。這是等級 3 提問的例子。「未來的形體」的概念意味著我們應該以更寬廣（即可以容納模糊性）的方式想像未來。注重形體而非定點的概念鼓勵我們針對邊緣地帶（我們往往可以在那裡找到機會）、策略中心（策略主導概念的中心思想）、以及重疊之處（創新產物在此能從某一領域滲透至其他領域）進行思考。諸如此類的問題能打開我們的心胸，幫助我們測試自己關於計劃、情境、與模式的假設。

● 例子 2 ──「我們的組織有什麼強項？」

一個組織的強項和優勢是競爭力的來源，也是策略的基礎。探測競爭力強項可以揭露優勢。如同先前關於願景的問題，人們往往會制式化地去辨認強項（強項（strength）是常見的 SWOT 技巧中的 S）這是時常會產生膚淺答案（如：我們的組織有優秀的人才）的等級 1 提問。這種籠統答案的問題在於，對手也有很好的人才。

「我們的策略資源有受到適切的安排嗎？」是個更好的提問，因為 1）它能使人把專注力放在策略設計上，2）它意味著組織運用決策整合其資源，3）理想狀態是能與當下環境與未來環境匹配的狀態。

再更好的提問是：「能為我們帶來目前所沒有的能力和權力的新策略資源在哪裡？」

精進你的提問。提出簡短、優秀問題的能力是種技能。優秀的電視節目訪談主持人會幫助受訪者揭露重要資訊。由於策略往往涉及相互衝突的概念、地位，也可能傷害他人的感情，若能以談話性的口吻，而非質問或爭論的口吻談話，會是比較妥當的作法。我們最好一次提出一個高品質問題即可，接著就耐心等待對方深思過的回答。若對方回答得很快，那就可能只是應付之詞。

另一個練習初心者心態的機會是聆聽並留意有趣的事物，並期待能從中發現驚喜。

好奇心、實用主義、開放的心理姿態，以及說故事這些精微技巧可以補充加強提出高品質問題這項精微技巧。你可以問：

- 「我很好奇這是怎麼運作的？」
- 「這會對你的對手產生一樣的效果嗎？」
- 「你的情況有什麼背景故事？」

尋求建言。練習提出高品質問題的另一個方法是留意「別人具有實用知識和專業」這點。在繁雜與複雜的系統中（請見附錄 A 關於這兩個系統更詳細的介紹），請向經歷比你完善的人尋求建言。

研究指出，尋求建言可以提升他人對你的能力的評價，這點很有趣。[53]
當然了，這種評價的提升與任務的難度有關，太簡單的不會有效果。大多數人在檢視附錄Ｄ後會同意：策略思考地圖上的各種地標（以及他們之間的關係）頗具挑戰性且不簡單直接。

平衡敏感度與具體性

策略思考的一項關鍵任務是要在敏感度與具體性之間尋找適切的平衡。敏感度指的是偵測微弱信號的能力。在醫學界，高敏感度檢測會比低敏感度檢測更有可能偵測到疾病。就疾病而言（如某些癌症），偵測疾病早期標記的能力對於治療計劃的成效至關重要。然而，敏感度伴隨偽陽性的威脅：如明明沒有罹癌，卻檢測出癌症。有些人天生容易焦慮，當他們注意到微弱信號時就會警告組織，使之分心。

具體性是敏感度的反面。恐怖攻擊情勢的預警中，很常出現針對「具體威脅」的警告。原本微弱的信號浮現了關於恐怖攻擊可能的時間、地點，與方式的細節。至此，這個信號對人們的威脅更顯著了，這也讓第一線人員更有採取因應措施的根據。

敏感度和具體性沒有確切的正確值。偽陽性（在不具意義的數據中找到意義）與偽陰性兩者都不可取。兩者也都是可以避免的。通常，在模糊前端偵測到微弱訊號時最好調高敏感度；而在確認和宣告組織特定的核心挑戰後，則最好將那份敏感度替換為具體性。

知識湯問題

我在圖 6-1. 中點出了「知識湯問題」。[54] 知識湯這個術語援引了一碗湯的隱喻。約翰·索瓦（John Sowa）將知識湯定義為結構鬆散且具動態變化的知識。知識湯問題與模糊性有關：知識湯的某些部分在某

53. 請見 Alison Wood Brooks, Francesca Gino, and Maurice E. Schweitzer, "Smart People Ask for (My) Advice: Seeking Advice Boosts Perceptions of Competence," *Management Science* (June 2015)。

些人看來是合理的，但對其他人則不然；看到同一件東西時，有些人會給那件東西貼上與別人不同的標籤；某些人能看到別人沒看到的東西。諸如此類。

策略者在策略模糊前端的核心任務是要察覺微弱信號。這種信號的資訊並不完美，它對組織潛在的未來影響還不易見，而且人們也無法馬上對它做出行動。知識湯是開放與好奇心態下的自然產物。

人們在面對知識湯的數據時，大腦可能會招架不住。人們可能會因為感到不自在，找許多理由把專注力轉到結構分明的營運世界上。個人韌性這項精微技巧在這種情況下能帶來幫助。策略思考者會保有開放的心態去感受事物的全貌。她會保持樂觀，相信自己有辦法穿越知識湯，抵達清晰的境界。

下一步自然是要解決問題。策略思考者會採取更廣闊的視野並深思：

- 我可以提出什麼問題來直搗事物的癥結？
- 哪些架構、觀點、本體具有相關性？
- 有誰具備能幫我拓展意義建構能力的專業？

當我在審視知識湯的過程中，會尋找有趣的事物，並推斷兩個可能的結果。這個推斷可以這樣呈現：

有趣的觀察 → 有趣的結果

有趣的觀察 → 無趣的結果

精微技巧：歸納推理

想像你注意到某件有趣的事。那是一個可能會也可能不會導致後果的微弱信號。那是漂浮在知識湯汁中的一塊特定知識。

歸納推理是透過觀察來推論可能的導因或結果的行為。人們較熟悉的說法是有根據的猜測（針對某個理論或假設的本質和涵義所做的猜測）。應用於策略時，歸納推理是指為了回答以下問題所做的意義建構工作：

---

54. 請見 John F. Sowa，"The Challenge of Knowledge Soup"，www.jfsowa.com/pubs/challenge.pdf。

- 湯裡有哪些知識塊與組織的利益可能相關？
- 它們可能造成廣大、長遠影響的問題嗎？
- 它們是否能幫助我辨認核心挑戰，或辨認能在核心挑戰上取得進展的方法？

舉個歸納推理應用於微弱信號的例子。哥倫布在早期擔任航海商人的職涯中接觸了許多有趣的事物：來自西邊的漂流木、船上的奇怪屍體，以及其他文化流傳的故事。或許這些奇物異事沒有關聯。但它們也可能是西方大陸存在的證據。

歸納推理是透過觀察建構解釋的行為。另一組實用的問題如下：

- 什麼解釋與數據最相符？
- 該解釋是否夠簡單明瞭？
- 哪些新數據可能會使解釋站不住腳？

假設。歸納推理可以用來產生假設。[55] 假設的陳述可能正確或錯誤。人們會運用證據支持或否定假設。假設檢驗是知名顧問公司麥肯錫（McKinsey & Company）大量使用的招牌技巧。一個重要的原因是，假設檢驗的數據導向本質能幫助策略者避開認知偏誤（如過度樂觀、損失規避，和但求滿意）。[56]

歸納推論的三個等級。運用歸納推論最單純、最簡單方法是尋找和採用既定理論。[57] 舉例來說，假設某位經理注意到她部門的營業額在過去三季都出現衰退，她需要瞭解原因才能選擇有效的因應方式。微觀經濟學理論指出，若她降低價格，需求就會提升。動機理論指出，銷售人員會對一套更強烈的誘因產生回應。這兩項理論都提出了合理的解釋概念以及可受檢驗的假設。

---

55. 例子請見 Amy C. Edmudson and Paul J. Verdin, "Your Strategy Should Be a Hypothesis You Constantly Adjust," *Harvard Business Review* (November 9, 2017)。
56. 相關若干偏誤簡短地列於 Chris Bradley, Martin Hirt, and Sven Smit, "Have You Tested Your Strategy Lately?" *McKinsey Quarterly* (January 2011)。

中階的歸納推理指的是尋找現存的解釋，並根據情況調整這項解釋。哥倫布採取托斯卡內利地圖、比利‧比恩運用比爾‧詹姆斯的賽伯計量學模組，這兩者都是中階歸納推理的例子。

歸納推理最複雜的等級對打造好策略至關重要。這是因為該等級的推論圍繞在探索新奇事物的意涵上。於此，文獻和專家都無法提供答案。想想星巴克的演變，它在 1980 年代後期從咖啡烘豆店家轉變成獨特的咖啡店事業，貼合美國市場的需求。傳統上的單一門專業無助於新型商業模式的興起。透過探測來認識新興環境反而是更佳的做法。

能幹的策略思考者對新奇的數據與論點都持開放態度。這能使她不受束縛地以更寬廣、豐富的假設對系統進行想像。或許那些新資訊會指引她完全不同的方向，甚至會引領她發想重大的問題與新奇的策略。一位選擇研究不有趣的問題並建構不會失敗的假設的科學家，不會有事業上的非凡成就。然而，推展知識極限的組織通常能取得競爭優勢。

挺進令人不安的未知

有些人習慣被視為聰明人，他們感到很愚蠢時會很不自在。他們會覺得自己應該瞭解一切的。然而，對具體知識的強調可說是一種傳統守舊的價值。

策略思考者更專注於學習，而非背誦具體知識。他們對脈絡具有敏感度、願意忍受伴隨模糊性的不自在感、並具有探索未知的野心。

科學家馬汀‧史瓦茲（Martin Schwartz）揭露，身為研究者的他已習慣於「不明白某件事」的不自在和不安感。他積極地尋求感受那份不自在的機會。他表示：「在我們從實驗中得出結果、或從其他有效來源取得答案前，我們都無法確知我們的提問是否正確。」[58]

策略思考者的課題是要不斷拓展心智，並把愚蠢和挫敗感擱一邊。策略的模糊前端是一場未知的冒險。你提出的問題品質越高，你學到有

---

57. 這三個等級的概念取自 John F. Sowa 的文章 "Crystallizing Theories out of Knowledge Soup"，http://www.jfsowa.com/pubs/crystal.htm。

趣又實用的事物的機會也會越高。

持強烈意見，但不緊握

　　一項實用的策略思考工具是練習「持強烈意見，但不緊握」的心態。強烈這個形容詞指涉極端或非傳統的意見，也意味著該意見影響重大。

　　想像你辨認了一個微弱、但可能具重大意義並帶來重大發展的因素（它會帶來指數性與非線性的影響，而非漸進式的影響）。舉例而言，國家間可能會為爭奪淡水開戰，或者，大規模產業中的工人可能會因為自動化（如自駕車）而失業。

　　「持強烈意見，但不緊握」這項工具與「假想遊戲」相似。在假想遊戲中，非主流或非正統的信念會被賦予可信度。你進入一種把該信念看作是合理信念的心理狀態，使你更充分地思考使該信念變得合理的因素（如微弱信號）。我會在第十二章針對假想遊戲做更詳細的說明。

　　本章針對策略的模糊前端進行了探究。模糊性在策略前端中最為顯著。

　　模糊性時常會遮蓋打造有效策略所需的微弱信號。有鑑於某些信號具重大潛在價值，我們可以透過投擲一張大型掃描網來取得優勢。當然，我們永遠無法馬上知道某個信號是否有用（這需要時間），但這只是 VUCA 和策略的困境之一。

　　諸如星巴克、蘋果、Google、臉書與微軟等公司之所以能在早期取得優勢，是因為它們重用具備敏銳心智、關注新興科技與市場的人才。他們與那些忽略早期在模糊性泥淖中尚未完全成形的概念的人形成對比。

　　下一章將繼續把重點放在尋找微弱信號以及建構其意義上。我們的焦點將放在辨認未來的潛力地帶上。這些地帶指的是當前不常見、但在未來可能會帶來重大影響的事物或行為。提醒一下：策略思考定義的四號支柱就

---

58. 請見 Martin A. Schwartz, "The Importance of Stupidity in Scientific Research," *Journal of Cell Science* 121 (2008): 1771。

是在未來取得成功。

第七章

未來的潛力地帶

未來已經到來，只是分布不均

Pockets
of the Future

在 1996 年，手機大多是商業專業人士在用的，只有少於 1% 的美國人將它視為必需品。十年內，如同許多產業觀察家所預測的，手機成為了人們日常生活的一部分。

這個故事還有個有趣的衍生事件：手機開始配置小型、便宜的數位相機。這項升級大概始於 2000 年。如今，幾乎人人的手機都配有數位相機了。人人都清楚目睹這項數位相機創新，而伊士曼柯達（Eastman Kodak）高層也不例外。該公司投資數十億美元要把數位攝影納入其消費者商業模式。我們可以合理想像柯達的高層或許曾宣告：「手機上的相機與我們的事業無關，那只是譁眾取寵、怪異且不切實際的新奇產品。」柯達的高層很可能也同樣看輕了以下公司的興起：MySpace（該公司在 2003 年將商業模式轉成社交網路和媒體分享）、臉書（2004年成立，到了 2006 年，幾乎任何擁有有效 email 的人都可註冊使用）、Instagram（2010 年成立）、Pinterest（2009 成立）。柯達可能看輕了科技公司（如 Google、蘋果與雅虎）針對影像的舉措。

事後看來，我們知道手機數位相機變得很普遍，而且社群媒體公司是企業界身價最高的其中一群。我們也知道柯達在 2012 年宣告破產，放棄了消費者業務。

推想小說家威廉‧吉布森（William Gibson）曾表示：「未來已經到來，只是分布不均。」言下之意是，人們可以觀察到在當下相關性較低、但會在未來變得普遍的細節。在 2000 年初就留意到手機數位相機存在的人，等於發現了未來的潛力地帶（a pocket of the future in the presnet，簡稱 PoF）。

PoF 指涉能透過觀察發掘的作法或點子，或是某件在當下很罕見且不重要、但有潛力變得更普遍且具影響力的事情。PoF 是可能會深刻影響組織核心挑戰的重要微弱信號。

三種視野 [59]

各位可能還記得我在第五章提過，H1-H2-H3 這三種視野是策略思考地圖上的地標。如圖 7-1 所示，時間與地形的比喻很適合用來闡述這

三種視野。想像一下，你正在穿越綠草如茵的平原。這條路通往遠方有點模糊的山巒下的小丘。

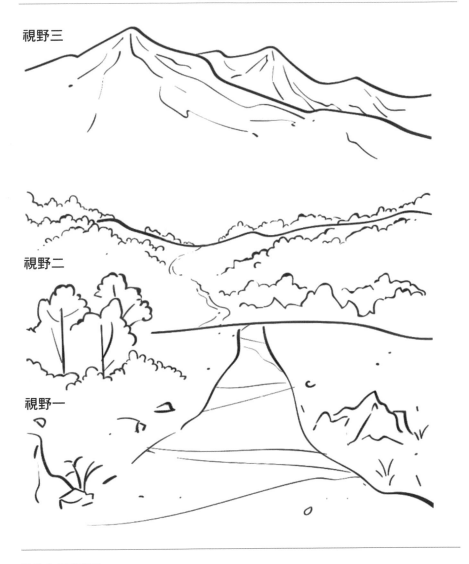

視野三

視野二

視野一

圖 7-1. 三種視野

59. 請見 Andrew Curry and Anthony Hodgson, "Seeing in Multiple Horizons: Connecting Futures to Strategy," *Journal of Futures Studies* (August 2008)

在此比喻中，視野一（H1）是前景，代表當下與不久的未來。視野二（H2）是小丘，代表中期未來。視野三（H3）是山巒，代表遙遠的未來。

在 H1 中，你可以看見較近的細節，如圖 7-1 前景中的巨石和樹木。你僅能看出遠方地貌的大致形體。這些樹木是 PoF，會在 H2 的小丘中變得更普遍，而大石頭會在山裡變得更普遍。這個比喻的重要特色是低地、小丘和高山的生態系統都各有特色而且性質各異。低地可見的動植物不存在於高山的生態系統中。

把三種視野的比喻套用在時間上看看。現今，跨洋交通的主要系統是噴射機。兩世紀以前，風力船舶是主要系統。飛機屬於 H3，而船舶屬於 H1。這個過程中曾出現由科技驅動的過渡改變，包括使用石化燃料來產生蒸氣、使用石化燃料為內部內燃機提供動力，以及從螺旋槳飛機轉為噴射機的變革。

現在，請運用想像力思考以下問題：如果現在噴射機是 H1，那麼遠距交通的 H3 會是什麼面貌？

比喻有其限制。低地至高山的轉變之於時間的類比是有問題的，因為人們可以實地上下山，但卻無法在過去和未來之間移動。（然而，你可以發揮想像力。想像力是本章的討論重點。）這個比喻的力量在於，各個生態系統都有截然不同的要素。

重點不在於時間的推移。一個組織的五年、十年計劃通常會忽略未受到察覺的中斷和新興事件的潛力。有時候系統變革會經歷相對較長的時間，例如從風力船到蒸汽船到飛機的科技轉變。

有時候改變發生得很快，如柯達的消費性攝影業務遭受破壞的經驗。想像你身處 1990 年代，而你的家人正在慶祝某件事。媽媽拿出相機拍了許多照片。底片拍完後，媽媽把它拿到（或寄到）相館。如果她要求要加速洗照片（這要加錢），她可能會在數日至一周內拿到相片。她接著會挑選喜歡的幾張照片，把它們放進相本中或裱框，並與人分享。

柯達事業會面臨破壞是因為當時的科技正在改變消費者體驗中「沖洗相片」的環節。如今，消費者在拍攝數位相片後，幾秒內就能上傳給

所有人看了，沖洗照片只是額外選項，這降低了照片處理的價值。在 H3 環境中，分享照片這項活動更早發生，而挑選和沖洗照片的活動較晚發生（或是被省去）。

H2 是過渡與衝突地帶

H2 是介於當下與遙遠未來之間的中間視野。這裡的 PoF 不再是引人思考的新奇事物，因為許多營運思考者已開始正視該趨勢。大多人都會同意組織需要改革，但對於要追求哪些政策沒有共識。

我們來以 H2 檢視柯達。人們時常認為柯達很被動，但其實它為了因應不斷改變的現實，花費數十億美元改造商業模式。舉例而言，柯達在 2001 年買下相片分享網站（Ofoto），並把它當作數位儲存平台，消費者可以透過該平台印製照片。柯達的決策者似乎仍保留「製照片具有重要性」的 H1 假設。然而，消費者認知到數位影像的好處較多，因而開始拋棄傳統沖洗照片的模式。

柯達的管理者正確地預期了數位攝影的重要性。然而，他們忽略了消費者偏好數位相片這點。對此，策略顧問史考特·安東尼（Scott Anthony）提出了到位的結論：

柯達提供的正確教訓很微妙。公司時常會認知到，擾亂的力量會影響產業。它們頻繁地提撥足夠的資源投入新興市場。它們的失敗通常源於無法真正擁抱干擾性改變所開啟的新商業模式。柯達創造了數位相機、投資該科技、甚至也瞭解人們會在網路上分享照片。它的失敗之處在於沒有察覺網路照片分享是新生意，而不僅僅是拓展照片沖洗業務的一環。[60]

我們很難在 H2 中分辨細微事物的重要性。柯達的決策顯示，其管理者重視傳統上沖洗和印製紙本相片的生意，而低估了新興社群媒體的重要性。

這點出了策略思考者應該思考的重要問題：我們當下重視的價值在

---

60. 請見 Scott D. Anthony, "Kodak's Downfall Wasn't about Technology," *Harvard Business Review* (July 15, 2016)。

未來會有相關性嗎？

H1 價值該對 H3 進行殖民嗎？這是關於未來價值相關性的另一個問題。

殖民這個有趣的比喻具有實用的策略思考意涵。想想 1500 到 1900 這四百年間，歐洲人運用軍事、政治，和經濟力量征服其他大陸的居民。殖民菁英透過剝削殖民地的豐富資源壯大自己。當然，殖民主義已成為失落的模式。當代思維認為，原住民族所受的苦無法正當化殖民強權獲取的財富。

殖民思維的菁英把自身系統強壓在他人身上。殖民者主張他們的力量象徵其價值，且他們是在利用自身力量造福殖民地。就此比喻而言，我建議手握大權的菁英將 H1 的價值應用在 H2 和 H3 上。

殖民思維背後存在三種認知偏誤。第一種是我方偏誤，指的是人們往往會偏好自身團體的價值和信念，並看輕外人的信念和價值。殖民思維強調 H1 價值。第二種是現狀偏誤。殖民思維理所當然地假設現有機構的權力會不斷延續。第三種是損失規避偏誤。人們不想失去權力。

過去保存下來的事物能提供關於文化價值和資產的重要資訊。從你自己的人生開始看吧。理財規劃師規劃客戶退休投資組合時，時常會把遺產和慈善捐款納入考量。我們能傳給孫子和曾孫最重要的事物是什麼？

沿著此邏輯思考，如果你的祖父母在你身上加諸期望，你會作何感想？想像他們想要你在某個城鎮住上一輩子、把票投給他們偏好的政黨、遵循同樣的求偶傳統、聽同樣的音樂、上同樣的教會。我猜想你會很厭惡他們的許多預期。

形塑我們祖父母的文化的影響通常在新興的 H2 和 H3 系統中已不具相關性。柯達不只面對了科技的顛覆，也受到文化轉變的影響（如男女性別角色的演變。）

現在請想想：你的孫子孫女會歡迎你對他們加諸的期望嗎？如果你不在乎，或你假設他們會渴求你珍視的事物，那你就是在對未來進行殖民思考。

省思自身傳承有助於你對自己的價值觀更敏感，瞭解哪些重要的

事物應該保有重要性。這些價值觀能充實你的假設，進而引導你對未來的預期。

　　組織會透過蒐集和展示早年的物件或照片來顯示對價值重視。舉例而言，位於密西根州安娜堡的達美樂披薩企業總部大廳有一部放置在展示座上的福斯汽車。那是該公司首次外送披薩的運送車，它能使人回想起該公司 1960 年代的策略主軸：即以外送披薩的商業模式作為其策略敘事的中心。然而，那輛骨董車不只是一件奇觀，它是該公司重視顧客且願意適應新現實的象徵。

　　以下問題可以促進你的策略思考：我們保留了什麼過去的事物？它象徵了什麼？

　　最後一項關於象徵和傳承的策略思考練習是參觀博物館。博物館展示了定義文明的文化物件。我們常常會在博物館中看見縱向的展區，展示著文化價值如何隨著時間改變。

　　有鑑於 H3 未來涉及一個新的不同系統，以下問題有助於豐富我們的策略思考：

- 我們決定要保留或揚棄當下事物的評斷標準為何？
- 身處 H3 的人會最重視 H1 的什麼事？

　　多重 H3 視野。在 H2 中，會有越來多組織利益關係人注意到趨勢中的模式。他們能看見某些事物的衰退和興起。此時，人們會開始爭論哪些模式是暫時的異常情勢，而哪些又是永久的改變。

　　那些把衰退視為某個問題、缺陷，或失調徵狀的人會提出各種解套方法。營運思考者往往會把這些徵狀視為需要增添新流程或對現有流程進行改革的徵兆。

　　追蹤創新趨勢的人會建議多多利用趨勢。此時會出現多種 H3 視野，許多人會開始提倡自己的特定視野。

尺標

　　人們會關注能受到測量的事物。若你測量現有商業模式的過去表現，

人們就會關注現有商業模式中的過去表現。如果你測量 PoF，人們就會關注 PoF。

　　組織中的尺標大多是落後性指標，它們雖然能點出組織的過去，但較無法顯示未來樣貌。這些尺標與營運思考的 5P 地標相關，大多用來測量生產力或提出預測，它們能幫助管理者優化組織表現。組織需要使用主導性指標來平衡落後指標帶來的偏誤。

　　舉個落後指標與主導指標的日常例子。車子的里程表能顯示已駕駛的距離，雖然那是有用的資訊，但我們開車時並不會專注在里程表上。良好的駕駛會看向前方，留意微弱信號（如前方車輛是否已停止前進，或路邊是否有孩童在嬉戲）。

　　許多組織會將股市視為主導指標。股市上漲意味經濟樂觀，而股市下跌則意味悲觀。然而，這是一種不精準的測量方式，有句話說得很妙：「股市預測到了近三次經濟衰退中的七次。」

將「時間是資源」改為「時間是尋找機會的所在」的框架

　　圖 7-2 對三種視野以及其對策略思考的意涵做了總結。我想請各位把專注力移到第四欄。在 H1 中，時間是需要受到管理的資源，而在 H3 中，時間則是尋找機會的所在。

　　H1 營運地圖上唯一的重點（5P 中的「當下」）。這種對時間的專注有助營運思考者為組織建立規律的可預測性，而這種可預測性會繼而強化思考者對生產力和生產的抱負。

　　策略思考地圖中的未來地標特別聚焦在 H2 和 H3 上。

五個引導策略思考的問題

　　這五個問題有助於我們著手針對策略當下和未來的景況建構更全面的視野。它們也有助於我們瞭解三種視野的意涵。

　　問題 1. 你此刻有什麼擔憂、挫折和問題？這個問題能幫助你辨認會影響你對核心挑戰認知的當下 H1 元素。這是一個練習批判思考，人們能

	時間尺度	系統性質	應用	未來潛力地帶（PoFs）的特質
視野一（H1）	當下與可預見的未來	性質與 H3 不同的現有系統	管理性聚焦——時間是稀有資源 營運思考地圖假定策略適性已將近完全優化	PoF 出現的頻率偏低 主流營運文化認為 PoF 不具相關性
視野二（H2）	中期未來	具過渡性：存在爭奪人們注意力的新舊元素	創業家聚焦——時間是衝突發生和受到解決的所在	PoF 被視為新行為、新工具與新元素的新興趨勢
視野三（H3）	遙遠未來	性質與 H1 不同的改造後系統	抱負性聚焦——時間是潛力的所在系統元素進行新的整合	新系統占主導地位後，H3 會變成 H1 留意新的 PoF

圖 7-2. 具有策略意涵的三種視野

藉此以最清晰的視角看待當下情況的機會。

問題 2. 你有哪些未來抱負？組織利益相關者的利益考量包含他們的

期望、希望和夢想。問題 2 的答案能表達組織偏好的未來景況。

問題 3. 未來的潛力地帶有哪些？這些地帶屬於微弱信號，其相關性可能會（也可能不會）增長，進而促成新的 H3 系統。

問題 4. 哪些新興創新和趨勢很可能會形塑中期未來？這個問題能幫助你將趨勢以及趨勢對核心挑戰的影響納入考量。

問題 5. 你希望留給未來世代什麼傳承？這個問題直接指向個人和機構的價值觀。某些價值觀會延續，而有些則會隨著世代更迭而改變。重申一下先前的論點：過去保留的事物（以及為未來保留的事物）隱含著重要資訊，涉及組織利益以及與這些利益相連的策略問題。

相關性與策略適性

圖 7-3 展示了三種視野的不同形式。圖表左側的 Y 軸顯示相關性（某件事在任一時刻出現的頻率）。圖中弧線顯示事物相關性隨著時間改變的狀況。H1 中具有高相關性的事物預計會減少。此外，我們可以預期 PoF 會在 H1 中出現，而有些 PoF 增長的程度之盛，會進而定義 H2 和 H3 的未來系統。

圖表右側的 Y 軸顯示組織之於環境的適性，也顯示在 H1 中具高適性的組織會在新系統出現後失去適性。柯達的故事證實了這項動態改變。柯達的消費性事業在 20 世紀末針對女性市場的行銷──其自詡為記憶守護者──做得很成功。柯達當時獲利頗豐。然而，該公司在供應鏈與資金投資方面有許多過往包袱。柯達無法及時自我重整，以至於在 H3 這個不同的環境下失去了相關性。

視野一那些岔出的小箭頭顯示，相關性的趨勢線可能突然升高或下降。換言之，PoF 的相關性可能會快速升高。它會將情況轉變成 H2 或 H3 而改變組織的策略適性。同樣地，PoF 可能會消散，繼續在 H1 中被視為異常事件。

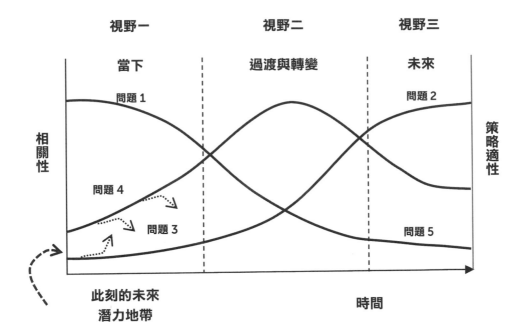

圖 7-3. 三種視野、相關性，與策略適性

此外，各位應該留意先前討論的問題 1 到問題 5。將這些問題納入察覺微弱信號和建構意義的實踐（即專注於策略模糊前端的過程）是個實用的練習。建議各位把答案寫在便利貼上，並將他們貼到適當的線條上。

精微技巧：預期

預期是想像未來的能力。

有些人很少花時間思考未來，少到像是在否定未來會來臨。某些人只相信神祕主義者或宗教末日教條的預言。有些人則會運用情境和量化預測來擬訂計畫。另一些人則堅信他們能創造未來。某些人是樂觀主義者，相信自己將能找到想要的成功。以上例子都反映了不同的預期假設，而這些假設在不同程度上都會影響當下的決策。

預期的精微技巧是一項建構並檢驗大範圍預期假設的技巧。

預期分為三種不同方式。前兩種是準備和計劃。由於兩者都忽略了

新興事件這項 X 因素，其運作都基於未來已經「關閉」的假設上。換言之，策略者在運用前兩種預期方式時，其思考都是基於「所有值得知道的事情都已知了」的假設。第三種預期方式是探索，這種方式對新興事件採取「開放」態度。讓我們來仔細探究。[61]

準備（以想像未來並進行回溯預測進行預期，應變）。 第一種預期方式涉想像未來，再透過回溯預測思考如何運用資源促進自身利益。這種預測方式也稱作應變計劃。

舉個可能的情境為例。你家失火了，你的預期假設能幫助你針對以下問題發想因應方案：家人的逃難路線是什麼？走散了要在哪裡會合？防火保險箱中放了哪些物品？已購買哪類保險？

舉另一個例子。試想你的組織遭受網路駭客攻擊，你會如何減輕其影響，並使營運恢復正常？你會怎麼告知你的銀行並合力解決問題？你又會如何告知你的顧客、員工和供應商？

這類預期方式的第三個例子是以信仰為基礎的預言（例如末日預言）。

計畫（以想像作為預期方式，優化）。 有計劃經驗的人對這種預期方式會感到很熟悉。試想你計劃到異國度假，你有預算限制，你運用預期心理來擬訂行程，列出需要攜帶的資源。你會透過想像，比較「隨身攜帶的資源，與在當地取得資源」所涉及的犧牲。

再舉一例。想像一位農民想要收成玉米，她在投入種植後就不太可能改種別種作物了，由於她希望收成玉米，她的次要目標會是優化產量，於是，她必須在生產上平衡種子與肥料的使用，同時也要考量泥土、降雨和害蟲等耕種狀況。

與「以準備作為預期方式」一樣，「以計劃作為預期方式」的假設

---

61. 這個對預期的討論靈感來自 Riel Miller, *The Future Now: Understanding Anticipatory Systems* (Chicago: World Future Society, July 16, 2009)。

擁抱了已確立且單一的未來景況：唯一可能的結果是耕種出玉米田。這個比喻的限制在於企業會面對更多 VUCA。新的機會往往會浮現，所以人們應該不時調整目標。儘管如此，人們仍時常將精力投注在不相關的目標上，然後將不良結果歸咎於策略實施不力。

你否有注意到這個例子包含了若干營運思考地圖的地標？這個例子的目標是提高玉米田的生產力，且該目標反映了對於結果的預測。

探索（以尋找新穎性作為預期方式）。 新穎性是策略的基本主題。比利‧比恩發現了夢幻棒球的創新並進行調整，藉此打敗了對手的傳統策略。史賓塞‧席佛創造了微球這項新穎物質，找到其應用方式，發明了 3M 的便利貼。哥倫布則是想證明從歐洲往西方航行至日本的非正統想法。

當你開始進行這種預期行為時，你就會培養對新穎性和 PoF（其意味著 X 因素的興起）的敏感度。我發現想像一位態度開放、任務是要搜尋 PoF 的「未來偵查兵」的練習頗為實用。這位偵查兵會察覺微弱信號並在未來的脈絡下建構這些信號的意義。其目標是要尋找並思考預期假設，且範疇越廣越好。

這位未來偵查兵也可以擔任領導角色，幫助他人詮釋那些信號。她能幫助他人提升容忍模糊性、練習意義建構，以及質疑「哪些事物具相關性」的假設的能力。

各位在定義自身組織策略的核心挑戰時，應該要思考 H3。我建議運用下列三個方式練習思考你的預期假設：

• **想像一個截然不同的 H3 未來**──例如想像一個各地政府都掌控了經濟和個人選擇的反烏托邦未來。那種未來的新主導概念會是什麼？那可能會如何影響你對核心挑戰的定義？

• **想像一個新的主導概念**──例如為爭奪水源而引發戰爭、非洲國家與中國結盟、人工智慧科技使當今受景仰的職業（如醫師或律師）失去重要性、或實體大學數量減少。這些概念會以何種方式在新的、截然不同的 H3 未來顯現？那些 PoF 可能如何影響組織對策略核心挑戰的選擇？

- **翻轉結果的好壞組成。**將好的貶駁為壞的，將壞的想成好的。這會幫助你更加瞭解脈絡對於你對現實的感知的影響。舉例而言，大多數人認為中樂透是件好事。然而過去有些案例顯示，大獎反而使某些得主的生活變得悲慘。想想看，柯達當時若把相片沖洗視為一門不理想的生意，其選擇會有多麼廣闊？他們可能會更堅定地尋求替代的商業模式。

　　「以探索為導向的預期方式」與「把 H3 想像成與此刻性質截然不同的新未來」兩者最相輔相成。運用你對歷史的知識辨認如先前提到的重大變革：風力到蒸汽動力、蒸汽到噴射動力，以及從實體照片到網路照片分享。H1-H2-H3 的架構能清楚解釋過去的變革。

　　有句話這麼說：歷史不會重演，但會像文章押韻一樣，類似的事件還是會發生。歷史思考能提供質疑預期假設和思考其他敘事的實用比喻。

　　善用其他精微技巧。預期是本書介紹的第 16 項精微技巧。我鼓勵各位檢視附錄 B 的精微技巧列表，並辨識各項精微技巧如何應用於策略思考。

　　以下是兩個把精微技巧與未來連結在一起的例子：

- **懷疑主義**——收到預測時要探究該預測參考的數據及模式的來源。該預測者採用了哪些預期假設？

- **個人韌性**——未來可能會帶來困境。韌性涵蓋對自身能力的信念、作出好決策的決心，以及達到想要的未來的意志力。哪些強韌特質能幫助你解決當下的困境？你正進行什麼事來精進你面對未來改變的韌性？你的組織是否能做更多努力來改善其韌性？

形體與情境

　　三種視野能幫助你的組織汲取建構情境所需的更佳思考來源。

　　未來的形體。我在第六章提出了一個高品質問題：「未來的形體會是如何？」我也說明了脈絡式設計。在這種設計中，我們要辨認限制並試著在界線內尋找解方。「注重形體而非定點」的概念能夠增添我們想

像力的選項和彈性，進而為我們的策略思考帶來助益。

現在我們來思考一個更具體的問題：「你的孩子或孫子的大學選擇（或不上大學的選擇）或職志會導致什麼樣的未來形體？」

每個孩子的選擇都可能為未來形體帶來重大影響：收入、地位、家庭規模。將特定的人作為想像目標時才能凸顯此問題的力量。否則，此問題仍然只會是缺乏相關性的抽象想法。

我們的目標是要對 H1、H2 和 H3 系統以及其因果關係擁有更豐富的瞭解，而較不著重於預測的準確度與線性趨勢發展。

情境。許多管理者和策略者都會建構情境。

回到上述選擇大學的例子。大學選擇可能會影響兩種結果：財富以及子女人數。

人們在建構情境時常會運用如圖 7-4 的 2 乘 2 矩陣，其顯示財富與子女人數。四個象限都各是能進一步探索和分析的目標。端看你的觀點，這四個情境都可能是烏托邦或反烏托邦情境。我把建構自身情況特定意涵的機會留給各位。

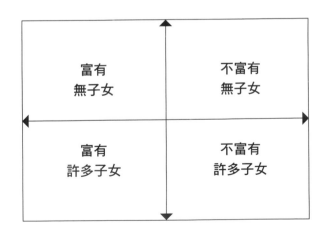

圖 7-4. 情境範例

最後一個步驟是進行回溯預測，想像自己對情境的預期假設。人們在當下其實可以透過某些決策和行為來提升達成理想未來的可能性，或為任何情境做好更好的準備。

具未來敏感度之策略

為因應未來，策略需要考量改變的可能性、組織當前的利益、利益相關人的信念，以及核心挑戰的定義。

打造具未來敏感度的策略的基本原則是要建構對於預期性假設的意識。當你提升這些假設的數量、質量和範疇後，你會發現你對於「當下決策會產生何種後果」的敏感度更高了。

下一章將探討某個組織成功過渡到新環境的故事。在接下來的閱讀過程中，請將 IBM 的成功與柯達的失敗的對比記在心裡。

我們將檢視葛斯納的策略思考敘事以及他在 IBM（以及他面對 IBM 外在環境）的經驗。IBM 的例子凸顯了營運思考文化與策略思考文化的鮮明對比。本章將幫助你辨認更多策略地標，且會提供另一個書寫策略的例子，這個例子將闡明組織如何透過下放權力的手法，使決策更具策略性。

展望第九章，我會繼續闡釋葛斯納的策略思考敘事，並解釋洞見這項 X 因素。這個章節將提供更多透過資源整合來適應新興環境的證據。

再更進一步地展望最後一章，這章談的是非凡的領導。容我逗一下各位：其實我早已提示了若干有助於區別普通領導和非凡領導的小技巧了。

第八章

策略性決策

適性與聚焦邏輯

Strategic Decisions

任何達成重大成就的人，都開始於認為現狀不夠好。
——特米歐皮·易卜拉欣（TemitOpe Ibrahim）

　　本章將介紹葛斯納的策略思考敘事。他在擔任 IBM 執行長時，領導該公司造就了商業史上最了不起的逆轉事蹟之一。本章許多話都引自葛斯納《誰說大象不會跳舞》（Who Says Elephants Can't Dance?）這本著作，內容講述他打造策略的經驗。[62] 葛斯納與比利·比恩、哥倫布的敘事原則有許多相同之處。然而，葛斯納的敘事是在複雜、大型的全球科技企業展開的，這點很不一樣。

葛斯納與 IBM 的逆轉故事

　　IBM 的歷史中，葛斯納是唯一被聘用為執行長的外人，從 1993 任職至 2003 年。葛斯納擔任美國運通與雷諾納貝斯克公司（RJR Nabisco）高層。他曾是 IBM 的客戶，他對 IBM 只顧著追求自身的需求、政策和科技的作風感到很失望。他在這些公司任職前曾是麥肯錫顧問公司的合夥人。憶起當時，他表示：「我在麥肯錫公司學到的 [63] 是如何以細緻的方式理解一間公司的根基。麥肯錫公司很注重對於公司市場、公司競爭地位，以及公司策略方向的深度分析。」

　　IBM 在 1960 年代初期意識到了積體電路的重要性，並推出了一套完整的產品組合，提供強大、可靠、低價的電腦運算功能。葛斯納寫道：「對顧客而言，System/360 簡直是一大福音，但是對 IBM 的對手而言，那可說是致命的一擊。」System/360 採用封閉式體系結構設計，意味著只有 IBM 產品才能與其他 IBM 產品相容。IBM 對所有大型系統的運作都有極大控制力。顧客一旦投入 IBM 的產品後，就只能遵照 IBM 的模

62.《魔球》一書是麥可·路易士針對現實事件的第三方詮釋。《魔球》電影則是對原著的詮釋。哥倫布的敘事是來自歷史學家的詮釋。葛斯納描述了自身行為背後的邏輯，進而豐富了我們對二號和三號支柱的理解。

63. 請見 Louis V. Gerstner Jr., *Who Says Elephants Can't Dance: Leading a Great Organization Through Dramatic Change* (New York: Harper Business, 2002), 2。

式，調整自身商業流程以配合 IBM 的系統架構。

1980 年代至 1990 年代初期，新興科技、平台與商業模式都在削弱 IBM 的優勢。開放式作業系統 UNIX 消除了 IBM 封閉結構的優勢。新的科技和商業模式顛覆性的力量削弱了 IBM 的商業模式。葛斯納提到：「UNIX 打擊了 IBM 的基礎後，個人電腦製造商接踵而至，帶來嚴重的衝擊。」諸如微軟與甲骨文等新勢力擷獲巨大的產業價值。IBM 的商業模式失去了與環境的緊密貼合。如同其他現有企業，IBM 也很容易受到顛覆性變革的影響。

新的競爭對手和科技代表未來的潛力地帶，它們形塑了一種產業結構，顧客在這種結構中可選擇多家供應商的不同科技來建構其資訊系統。

策略適性具動態性

圖 8-1. 顯示 IBM 葛斯納在 1993 年就任之前與之後的情況。IBM 的商業模式在 1960 年的情況下適性良好。IBM 順著營運思考者運用專業化和流程來鞏固優勢的偏好運作。1960 年代適性良好的 IBM 到了 1990 年代卻變得適性不良。

IBM 的經驗反映了一種普遍模式。組織會發展專業化並擴大效率規模。不幸的是，專業化往往會使組織喪失靈活度。此外，外部環境會隨著時間改變，進而削弱適性。產業龍頭可以掌權數十年，前提是必須投資在改革與更新上。

各位可以把圖 8-1. 當作診斷自身情況的工具。請先檢視組織過去的內外部情況。

- 如果你的組織規模曾經很小，是什麼因素使它得以擴展？
- 組織內部與外部環境的現況如何？內外部的適性是否良好？
- 為何適性度變高或變低了？
- 哪些未來情境和證據顯示適性不佳的跡象？

重新檢視中斷與破壞。 以下關於市場經濟的故事大家應該不陌生：某公司取得優勢而成為龍頭，繼而遭到推翻。IBM 初期憑藉著在電腦產

	過去情況 （葛斯納任職之前）	葛斯納上任時的情況	未來情況（預期情況）
外部情況	1960 年代 數據處理需求升高； 全球性公司崛起	產業變革大浪潮來襲 新競爭對手群攫取產業價值 全球顧客對 IBM 產生不滿	預測指出變革浪潮會持續來臨 企圖尋找新的主導概念，藉此取得產業領導地位
內部情況 （策略資源 的內部整合）	IBM 善用微處理器的突破性科技以及 System/360 創造財富	IBM 將龐大資源投注在舊有的想法上	組織需要新洞見來進行重新組織、重新校準，與增添新資源 文化需要經過重新塑造
內部情況 應對外部 情況的適性	適性極佳 IBM 成為產業的領頭羊， 在 1969 至 1982 年甚至面臨反壟斷法官司	適性不佳 許多人相信適應之道是把公司分拆成更小的事業單位	IBM 可以透過重整資源來適應改變後的競爭環境，藉此重返領導地位

圖 8-1.IBM 策略適性的動態概念

業中累積的特有專業而取得成功。經年累月下，IBM 取得了超越對手的優勢，成為業界領導者。最終，中斷出現，諸如個人電腦以及微軟、蘋果等對手的崛起；IBM 注意到中斷（新興機會）並提出新策略加以因應。

任何組織都可能是領導者或顛覆者。以下這些問題能幫助你運用領導者與顛覆者的指稱來釐清情況。

- 如果我們是領導者，什麼是我們最弱的一環？
- 我們是否容易鬆懈、依賴慣性、反應薄弱？
- 我們是否沉浸於過去成功而沒有展望未來？
- 對手和篡位者是否更擅長辨認客戶和利益相關人的需求？
- 若我們是顛覆者，哪些具體優勢和策略能削弱對手？

策略始於模糊前端。第六章（策略的模糊前端）介紹的實用架構能幫助我們瞭解任何策略的起源。人們應該在模糊前端裡留意微弱信號並建構其意義。葛斯納在 IBM 任職的前三個月把時間都用在瞭解 IBM 的商業處境上。他造訪 IBM 全球各地的據點、拜訪客戶，甚至拜訪競爭對手，同時提出許多問題。

他明白核心挑戰與策略適性有關。IBM 的強大資源沒有整合來服務大型全球客戶。

競爭（與忽略競爭）

以下引用的段落描述了葛斯納擔任執行長六週後發生的事。葛斯納在會議上聆聽公司 26 位資深執行高層的報告後做出以下結論：

各位提出的策略幾乎都沒有真正的策略基礎；沒有提到顧客區隔，沒有比較我們與對手的產品與服務，也沒有透過整合不同主題，創造屬於 IBM 的整體觀點。[64]

這種討論在當今的組織中仍很常見。執行高層會忽略對手的企圖（以及其他類型的模糊性），只聚焦於短期表現。對於情況穩定的公司來說，

---

64. 葛斯納寫道，那場會議很折磨人且令人困惑。

這或許不打緊。然而，如 IBM 的經驗所示，自滿和懈怠往往會使組織忽視外部環境的關鍵改變。這凸顯了組織成員在策略與判斷的不足。

葛斯納最重大的決定

IBM 的財務困難顯示，該公司在面對競爭環境的改變時，因應得不夠快速。葛斯納的上一任執行長約翰·埃克斯（John Akers）已計劃將 IBM 分拆成較小的獨立公司，各自提供專門的企業解方，好在不同市場中競爭。在埃克斯看來，電腦產業已經移往桌上型電腦，市場出現數千家專門生產晶片、螢幕和軟體的公司，在這種產業環境下，IBM 的封閉式結構（即軟硬體的緊密整合）就較不具相關性。葛斯納表示：「埃克斯希望分拆 IBM，投入他認為是必然的新產業模式的懷抱。」若進行分拆，小型事業單位會專門經營各自的利基市場。

電信公司 AT&T 早十年的分拆案彷彿樹立一項趨勢：大公司會變成多家小公司。AT&T 的經驗鞏固許多記者、領導者，和業界人士的信念，即未來會是小型、專門化、敏捷，且具創新力的公司的天下。

AT&T 的分拆案能與 IBM 的情況類比嗎？雖然兩者都是具主導性的大公司，它們卻有許多不同之處，使得這種類比有些牽強。IBM 握有獨特優勢：它在科技、全球觸及率，以及全球商業顧客經營方面都具備深度專業。葛斯納並沒有採用這兩家公司的類比來定義問題。葛斯納認為「IBM 規模太大，且產品整合度太高，並不適合分拆」。葛斯納認為 IBM 沒有適切地調整其能力與資源來滿足最重要客戶的需求。客戶告訴他（他從過去經驗中也知道）：電腦產業的前景在於大範圍的資訊科技投資會帶來變革性影響。換言之，個人電腦不具未來前景，因為個人電腦永遠不可能進行諸如規劃航班等高強度運算。一件件地添購科技產品會使客戶失去耐性。[65]

---

65. 理察·魯梅特觀察到了診斷的重要性，而這項觀察改變了策略的指導原則。修正後的診斷留意到 IBM 已經不同以往，且握有優勢，其任務是要改善內部的協調性和靈敏度。請見 Good Strategy, *Bad Strategy: The Difference and Why It Matters* (New York: Currency, 2011), 83。

葛斯納反轉了將公司分拆成多個小型事業體的計劃，他解釋道：「我無法明確告訴你我為何決定不分拆 IBM，我也不記得有沒有發出正式聲明──我總說 IBM 龐大的規模和事業範疇是獨特的競爭優勢。然而，我記得那對我來說並不是特別困難的決定。」

書寫 IBM 策略

在以下段落中，我遵循圖 2-1 中的模板，寫成一份 IBM 策略的書面聲明。如同魔球策略，這項聲明點出了打造策略的一系列「我們相信……我們選擇……我們調整……」的聲明。這兩個例子都強化了「策略是因應情況和建構行動計劃的專門工具」這項概念。

此聲明進一步分析了葛斯納不分拆 IBM 的決定，而且能作為區分策略決策與戰術性決策的脈絡。

1. 集體利益。組織透過策略來促進自身利益。IBM 的利益考量涵蓋股東、員工、客戶、供應商以及根據地國家。葛斯納策略思考敘事最重要的要素或許是他對於 IBM 全球大客戶利益方面的著墨。我們可以這樣描述 IBM 的集體利益考量：

IBM 的利益考量包含服務我們眾多的全球利益相關人。這些利益相關人包含股東、員工、顧客、供應商和根據地國家。每一位利益關係人對於 IBM 提供的價值，以及做出良好經營選擇的能力，都有很高的期望。

2. 對於脈絡、情況和議題的集體信念。書寫策略的這個第二個步驟凸顯了個人在組織脈絡下所產生的合理知識。我們可以這樣描述 IBM 的集體信念：

有鑑於我們的利益考量和情況，我們相信：

• 對於這個情況，我們的能力和策略資源適性不佳。

• 獨立運算將讓位給設備網絡，許多競爭對手會開始提供設備網絡方案。

• 全球大客戶會看重真正能解決問題、有能力應用面對商業挑戰所需的複雜科技，以及能提供整合服務的大公司。

• 本產業會吸引新進組織。

葛斯納是個外人，不屬於 IBM 根深蒂固文化一部分。他的信念不太可能被廣泛認同。他得使用執行長的正式職權以及個人影響力來說服他人接受其信念。

3. 對核心挑戰的集體信念。葛斯納面對許多議題和利益相關人。我們可以這樣描述 IBM 的核心挑戰：

IBM 的核心挑戰是要處理大客戶對 IBM 的諸多不滿，這些客戶把預算花在 IBM 的競爭對手上，使得 IBM 的財務前景岌岌可危。

這個簡短的聲明背後有龐大的背景脈絡：IBM 緊握舊有商業模式太久、IBM 許多問題源於外部環境的變遷（包括產業中出現新的競爭對手）。IBM 文化著重內部運作，使得 IBM 難以克服自滿的問題。

直白點說，IBM 深陷痛苦掙扎。這個形容讓我想到魚兒掙扎著要回到水中，或是船隻擱淺於沙堤的意象。組織的痛苦掙扎往往是顛覆性的改變所致。對此，組織需要進行誠實的自我評估，並強力宣告需要採取的行動。

4. 選擇整合資源的方式。確認核心挑戰後即可展開下一步。對此，我們可以這樣表達：

考量到我們的利益以及對情況的診斷，我們選擇反轉分拆 IBM 的決定。

我們在第二章提過，定義策略的其中一個方式是對目標、方法，和資源進行整合。我們在這裡套用了此定義。反轉一詞意味著 IBM 選擇取消用於推動新獨立公司的活動和專案。這是針對方法的聲明。分拆計劃涉及數十億美金的資源；這些資源（策略的資源）將不再被分配到新的活動上，而是會保留於 IBM。這個策略的目標是要保存能力與資源的獨特組合。有人對葛斯納說，IBM 是個國寶，顧客明白該公司以獨特方式帶來價值的潛力。

5. 聲明組織的調整。這是書寫策略模板的最後一部分。這部分強化了「好的策略具連貫性」的原則。如我即將說明的，好的策略涉及透過集權的決策來引導分權部門的執行。我們可以這樣描述 IBM 的調整：

由於 IBM 決定不分拆，我們將進行以下調整：終止與投資銀行家的合約（這些銀行家正在計劃分拆後各組織的首次公開發行事宜）、中止各單位

建構獨立流程和系統的內部活動（例如中止新的廣告活動或人力資源福利活動）。

這些聲明可以幫助他人瞭解，他們在根據局部情況調整自身行為（即方法與資源）時所扮演的角色。

釐清策略性決策與戰術性決策的差異

如我在第一章所說，人們時常在修辭上運用策略性這個形容詞來指涉重要性。舉例而言，許多人多會把策略性和戰術性拿來做對比——策略性指涉思考層級，而戰術性則指涉行動層級。這造成了「決策者」和「實作者」這種沒有意義區分，因為組織位階較低的成員可以、也確實會做決定。[66]

有時候，低層級的決策會帶來慘烈的後果。舉例來說，福斯汽車的工程師詹姆斯·梁（James Liang）因為對汽車廢氣測驗報告造假，導致福斯汽車必須支付了超過兩百億美元的罰款。[67] 顯然，不是只有組織執行長才可能做出具重大後果的決定。

我通常會建議人們避免拿策略性一詞代替重要一詞。然而，策略性決策是例外，但前提是要經過思慮地與戰術性策略一詞併用。

這項應用的原則是：策略性決策會約束戰術性決策。

葛斯納決定不分拆 IBM 即屬策略性決策的一例。葛斯納表示：「那是我做過最重要的決定——不只對 IBM 如此，對我整個事業生涯來說亦然。」

策略性決策的首要特徵是獨立性，意思是策略獨立於其他決定。[68] 葛斯納不分拆 IBM 的決策具有獨立性，因為葛斯納看重的是這個決定本身的優點。

葛斯納的決定源於他對情勢具體且細緻的理解，也出自他獨特的觀點。具獨立性的決策也可稱為主觀決策，因為這種決策受到個人的觀點、價值和影響所引導。葛斯納在著作中一再憶起從前身為 IBM 客戶時親身經歷的無奈感。

調降大型電腦系統價格的決定屬於戰術性決策，但不屬於獨立的決

策，因為這項決策涉及在 IBM 面臨嚴極度苛的財務壓力時大規模犧牲獲利。這項定價策略是建立在 IBM 對全球大客戶的全心投入上，畢竟 IBM 若想放棄那些顧客，就沒有什麼理由降價。

圖 8-2 分為兩部分，上半部說明戰略性決策如何配合策略性決策，下半部則舉了 IBM 的例子。有鑑於 IBM 決定不分拆，而且要繼續經營全球大客戶，所以改變大型電腦定價的戰術性策略有其必要。

相同地，IBM 移除國際事業單位的這項戰術性決策也是依據相同的邏輯：即 IBM 不分拆為多個小公司了。

另一個策略性決策的基本特徵是集權性。集權性代表決策來自組織中心。集權性對策略的重要性在於，有效的策略必須仰賴協調且連貫的資源運用。策略性決策是一種集權性決策，因為它涉及對於稀有資源配置的專一投入。葛斯納的決策屬於集權決策，因為他運用了執行長的正式職權。他在做出決定後通知組織成員，好讓他們配合該決策，調整其局部性運作。

除了集權決策，還有分權決策。分權決策是指個人僅根據局部性的問題做決策。

政策是工具。組織有時必須執行協調工作，而協調工作有時得透過影響他人的決策來完成。

許多人會把官僚和流程的概念與政策一詞聯想在一起，使得政策一詞被蒙上負面意涵。雖然許多人都對政策一詞感到不自在，我認為這個

66. 請見 See Roger L Martin, "The Execution Trap," *Harvard Business Review* (July-August 2010)。
67. 請見 Bill Vlasic, "Volkswagen Engineer Gets Prison in Diesel Cheating Case," *New York Times* (August 25, 2017)。
68. 此段落引自哈佛大學教授艾瑞克‧凡登‧斯汀（Eric Van den Steen）的邏輯。他將策略定義為能引導所有其他決定的最小一套決定。凡登‧斯汀說：「策略不是詳細的行動計劃或一套完整的選擇和決策；策略是歸結至最關鍵選擇和決定的計劃行動。」請見 Eric Van den Steen, A Theory of Explicitly Formulated Strategy, *Harvard Business School Strategy Unit Working Paper* No. 12-102 (May 3, 2012)。

字十分精確且實用。政策是一種決策模式，它源自集權中心，並影響了決策者視線外的分權決策。

聚焦與槓桿。權力的集中運用是任何良好策略的基礎。所有組織的資源都有限，且大多都已投入運用。重新整合這些資源需要大量努力。葛斯納說，他面對的挑戰是「一項極為艱鉅的任務，迫使組織限制自身野心，聚焦在擁有策略和經濟效益的市場。」

我在第一章中解釋過，良好的策略會限制組織不能或不做某些事。以下舉幾個例子：一、葛斯納和他的團隊決定 IBM 不會採取局部性封地制的營運；二、IBM 決定不追求特定業務（舉例而言，IBM 以 15 億美元出售其公司 Federal System Company）；三、IBM 決定不照慣例支付股東全額股息。

IBM 決定專注於鞏固金流，讓自己有時間穩定資源，把資源移往較具生產力的目標。如此一來，IBM 就能將自己與全球大客戶的既有關係當作槓桿的施力點來創造獨特優勢。這是 IBM 得以逆勢而上的決定性因素。

然而，有些組織反倒不做關於「該做什麼、不該做什麼」的艱難決定，而是把策略當作腦力激盪的過程。這些組織把點子歸納為一串目標清單，卻沒有考慮到自身是否具備達成那些目標所需的資源。

賦權。戰術性決策是配合策略性決策的局部性決策。賦權不只是籠統的時下用語，而是能用來改善戰術性決策的品質與速度的行為。

賦權的功能涉及個人權威、資源、資訊、專責等面向。[70] 以下公式能說明賦權：

賦權 = 功能（權威、資源、資訊、專責）
賦權 = 0（若權威、資源、資訊，或專責 = 0）

透過梳理各概念，你可以評估組織是否已準備好做出戰術性決策。

---

70. 欲更深入瞭解，請見 William Nel, ed., Management for Engineers, *Technologists and Scientists* (Cape Town, South Africa: Juta and Company, 2006)。

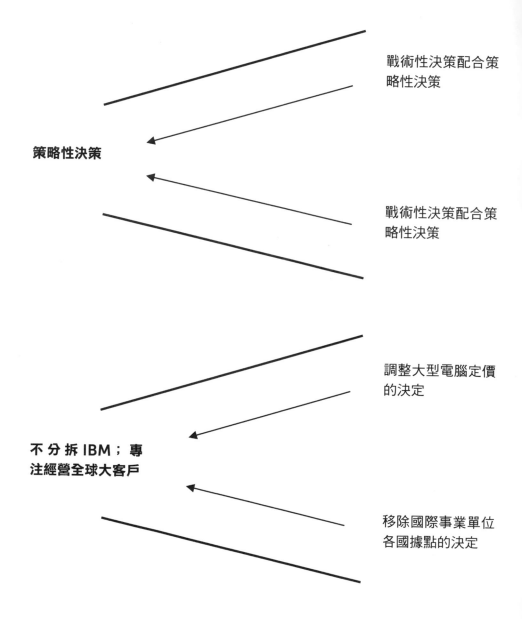

策略性決策

戰術性決策配合策
略性決策

戰術性決策配合策
略性決策

調整大型電腦定價
的決定

不分拆 IBM；專
注經營全球大客戶

移除國際事業單位
各國據點的決定

圖 8-2. 策略性決策與戰術性決策的架構（以 IBM 為例）。

決策者是否具權威性？她有被分配到她策略所需的資源嗎？她需要自己創造資源嗎？她是否清楚瞭解決策背後的邏輯以及企圖？

當責的定義是人們願意讓自己的表現接受到評量。[71] 表現的好壞自然會影響個人的後果。當責者的選擇具備透明性，這有助於組織下放策略決策權力。

主導概念網絡。我把 IBM 不分拆的決定作為策略性決策的主要例子。然而，那並不是 IBM 故事中唯一的策略決策。每個選擇都是決策網絡的一部分。IBM 的決策之是要強化「IBM 是以市場為導向、以客戶為中心的企業」的原則。此外，葛斯納弱化了關於「IBM 是專注內部營運與流程的企業」的行為。該公司的其他策略決策還包括：重新投資大型電腦、保護關鍵的研發預算，以及持續投入核心半導體事業。

策略作為賭注

策略是個賭注。這個主張通常會使追求可預測性的營運思考者感到非常驚訝。本書的策略思考敘事能作為支持這項主張的證據。

葛斯納將 IBM 的策略解釋成一系列的賭注。他寫道：「這場冒險將取決於兩大賭注：一是產業方向，二是 IBM 自身的策略。」葛斯納如此解釋第一項賭注的思考：「我強烈相信，若客戶得自己整合許多不同供應商的組件，他們會對這種產業架構越發感到不耐煩。」

第二項賭注是第一項的延伸。葛斯納的假設如下：「在下個十年間，客戶會越發重視能提供解決方案的公司。」如下一章所示，葛斯納的策略思考會轉向另一項洞見：以服務為中心的新商業模式。

事後看來，我們知道葛斯納的策略思考創造了有效的策略。IBM 將其基礎架構從以產品為中心的一群子公司，轉為一個整合更高且以服務和顧客為中心的企業。IBM 如今仍是強大的全球企業。IBM 創造了很可

71. 請見 Greg Githens, "Accountability is the Willingness to Have Your Performance Measured," *Leading Strategic Initiatives*, 2013

能是大型組織歷史上最重大的逆轉事跡。

葛斯納在其著作中花了很大篇幅在討論 IBM 面臨的獨特策略情況，包括 IBM 所面臨的變動性策略環境。事後看來，他看見了新興事物（如網際網路）的重要性。他與同事當初肯定很糾結於如何詮釋微弱信號和新興事件；以下引言反映了這點：「這一切，在我們當初看來都並不那麼清楚明瞭。」

這個故事的具體寓意在於，每位策略思考者都必須意識到，大多數人會對打造策略所涉及的不確定性、暫定性與不具體性感到不自在。此外，策略思考者也必需對於任何「結果一定如何」的故事抱持懷疑。沒人能預測未來，也沒有策略能保證成功。你不知道未來會怎麼樣，但你的對手也不知道。

一個策略的結束與新的策略的開始

葛斯納任職 IBM 的第八個月，有次到海灘上散步了很長的時間，回顧著 IBM 在穩固組織方面取得的成功。[72]

反思時，葛斯納開始思考一個新的問題：IBM 要如何重回產業領導地位？一個新的核心挑戰浮現腦中。他的思考清晰了起來，想到另一個策略決策：「我們將盡最大努力逐步重返領導地位。」這等於確認了新的核心挑戰，並預示著新策略的誕生。

葛斯納走在海灘上時，心裡明白 IBM 握有一系列強大的策略資源。IBM 的規模和資源是優勢。然而，規模也是種設計限制，因為要發展規模已經很大的組織是件難事。

若這與你的情況相似，你應該效法葛斯納，堅持自己的策略思考，並有自信你和團隊能打造有效的策略。

我在下一章中會繼續說明葛斯納的策略思考敘事，解釋 IBM 如何從以產品為中心的組織轉變為以服務為中心的組織。

這個章節很重要，因為它會說明洞見這項 X 因素。我將解釋我們可以

如何藉由分析，將注意力轉到新的故事錨點上（或透過強化或弱化某個錨點），藉此激發洞見。這個過程可以激發新的策略邏輯。我將把「重新框架」的精微技巧介紹為產生洞見的工具。

---

72. 散步（在自然環境中尤佳）是促進個人策略思考的一項簡單、有效的技巧。

第九章

激發洞見
洞見是策略的秘密成分

The Spark of Insight

創新上的失敗，好過於模仿上的成功。

──赫曼‧梅爾維爾（Herman Melville）

　　人人都有過發掘洞見的經驗。洞見是一種對於自身處境以及該採取什麼行動的清晰理解，有時像是靈光乍現。洞見有時會對策略帶來重大影響，這是我將它訂為 X 因素的原因。

　　本章將介紹額外的策略思考工具，主要針對如何激發洞見，並在策略運用洞見進行討論。我們會探討葛斯納的一項洞見，以及該洞見在建構有力的新策略邏輯上所扮演的角色。這項邏輯是 IBM 得以逆轉勝的關鍵。

　　稍早提過，葛斯納這位外人成為 IBM 的執行長時，IBM 正面臨困境。葛斯納在初期先著手察覺信號和建構意義。他與組織的管理高層碰面，試圖瞭解他們的觀點。葛斯納把他在擔任執行長初期時與丹尼‧威爾斯（Dennie Welsh）的一次會晤視為他在 IBM 最幸運的時刻之一。[73] 威爾斯執掌的 IBM 美國服務事業單位當時是隸屬銷售部門的小單位。威爾斯闡述了擴大服務事業的概念。他表示，這項事業將可以替客戶提供資訊科技的所有服務內容。憶起當時，葛斯納表示：「我的思緒整個被點燃。」

　　葛斯納對於透過服務進行整合的邏輯感到很興奮，因為那激發了他對組織成長「可能性的新想像」。葛斯納認為這個關於服務的概念與他希望保留 IBM 整合性企業優勢的概念「不謀而合」。我們現在之所以將 IBM 視為一間全球服務顧問公司，取代把 IBM 視為電腦設備製造商的舊有主流想法，正是因為這項洞見的關係。

洞見的要件

　　洞見是人們對於情況更新更好的解釋。心理學家蓋瑞‧克萊恩（Gary Klein）對洞見的解釋是：以更好的故事取代平庸的故事。[74]

　　擁有關於洞見的實用知識對於有效的策略思考至關重要。從大至小，

73. 請見 Louis V. Gerstner Jr., *Who Says Elephants Can't Dance? Leading a Great Enterprise Through Dramatic Change* (New York: HarperBusiness, 2002), 129–30。

洞見的組成元素有故事架構、故事錨點、線索，以及對線索的情緒反應。大腦會透過三種途徑形成洞見：尋找聯結、探索矛盾，以及運用絕境創意。

以下比喻可能有助理解：化學家會利用對於化學的理解合成新的化合物。策略思考者則會運用對於洞見與途徑的認識來理解並創造洞見。

故事錨點與框架。正如釘子可以將圖畫定在牆上，故事錨點也能將我們的專注力定在某個概念、人物，或行為上。

舉例而言，哥倫布的策略基本輪廓是三個故事錨點勾勒而成的：地球是圓的、風向能被善用、朝西方航行有機會開啟通往亞洲的貿易路線。

葛斯納在腦海中結合了「拓展服務」的故事錨點以及他既有的錨點：全球客戶的重要性、對客戶及其問題的同理心、資訊科技產業的持續變動，以及對整合的投入。他的洞見是心理合成的結果。

線索與反應是錨點的要素。一個錨點是由更小的要素組成的，即線索與反應。線索是微弱信號，可能是看似不連貫、異常、或反常的事物。此例的線索是 IBM 商業模式中一項服務的擴展任務；反應則是葛斯納對於可能性所燃起的興奮感。葛斯納感知到線索，並建構意義。

另一個關於錨點的例子是，葛斯納回想起他在 RJR Nabisco 擔任執行長時嘗試將數據系統外包的失敗經驗。葛斯納對這個線索（即對該事件的記憶）的反應是感到很挫折。

故事敘述的情感成分很強大。人們會感到興奮、挫折、噁心、有趣、焦慮和害怕。情感越強大，錨點就越強大。

我要對那些把洞見一詞（以及數據科學和分析法這兩個熱門詞彙）當作時下流行語的人提出警告。某些人會將洞見一詞乏味地定義為「有用的資訊」。這頗為可惜，因為那給人一種數字運算方法是成功關鍵的印象。

---

74. 請見 Gary Klein, *Seeing What Others Don't: The Remarkable Ways We Gain Insights* (New York: PublicAffairs, 2013)。本書中關於創造更好故事的定義概念，其靈感來自此書第二章，而三種途徑的概念靈感則來自第八章。

我們其實應該專注於故事的情緒成分。我在第五章中主張，相較於把策略定義為流程，把策略定義為藝術更恰當。葛斯納的洞見激起的可能性，點燃了他的興奮之情。正是那項洞見——而不是數字運算——改變了IBM的策略邏輯。

聯結途徑。這是蓋瑞·克萊恩提出的三個洞見途徑的第一個。聯結途徑涉及在現有的心理框架下設置新錨點，從而幫助我們探索新錨點所指涉的意涵和機會。

葛斯納的反應顯示服務是新錨點。這項聯結激發了他將服務作為IBM焦點的新策略邏輯，促使IBM成為客戶的科技整合者。

其他聯結途徑洞見的例子包含：哥倫布新增「東風從非洲吹來」這項錨點，以及比利·比恩對於比爾·詹姆斯關於賽伯計量學的理解。歸根結柢，聯結的洞見能幫助我們看見世界運作以及未來可能性的更廣大含意。

矛盾途徑。你曾見過奇怪或不協調的事物嗎？那項觀察是否與你的預期不一致？洞見的矛盾途徑涉及察覺並加強微弱錨點。

舉例而言，葛斯納發現許多管理者都極為在意內部地位。他覺得這與把顧客和市場需求放在組織考量首位的原則不一致。葛斯納強化對基本原則的重視，並淡化地位和特權的重要性。（本章稍後會說明「回到基本原則」的企業傳承故事原型）。

絕望創造力途徑。若你面臨某個阻礙或棘手的問題，那會是有助發展洞見的途徑，建議你把專注力放在上面。此途徑涉及藉由丟棄薄弱錨點來逃離危險情況。當你在尋找有缺陷的假設時，那通常代表你正在偏離傳統智慧。

「燃燒的平台（burning platform）」是大家熟悉的組織術語，它指的是人們在絕望情況下所作出的立即且激進的改變。此用語是借用工人為了逃命，從離岸鑽油平台上跳海的比喻。在非常危急的情況下，拋棄安全、熟悉的行為不但是創造力的展現，也是生存的手段。IBM和奧

克蘭運動家隊都經歷迫使它們尋求新奇策略的危急情況。

文化作為框架

文化是葛斯納最重大的挑戰之一。即便是在與丹尼‧威爾斯碰面時，他都仍感受到「IBM 的文化會抵抗新策略」。在保守文化中引進新概念，等於是要創造線索和反應的新組合。以下是葛斯納改變故事錨點的幾個例子：

• 他強化了關於 IBM 全球性事業的規模與深度的錨點，而不是將 IBM 視為由不同地理區域、有各自利益考量的單位所組成的集團。

• 他強化了企業電腦運算的錨點。

• 他弱化了「桌上型電腦是產業必然的發展」的錨點。

• 他弱化了關於「小型、靈活、利基的競爭對手是未來產業的主宰」的錨點。

用洞見的術語（線索、反應、錨點、框架）來說，文化是由一群具連貫性的框架（或也可稱作連貫故事）的錨點所組成的。談及文化時，連貫性指涉的是錨點互相強化的程度。高連貫度文化的堅固框架會抵抗洞見。高連貫度文化的極端例子是邪教。不那麼極端的例子可能包含軍隊、警隊，或是諸如大學等機構。連貫程度較低的文化會允許並容忍差異。

在高度連貫的文化中，人們通常不會記得他們最堅信的信念從何而來。那些信念被當作理所當然，而當這些信念受到檢驗時，人們會變得防衛心很強。他們的邏輯是：

• 我們的信念是真理。

• 我們的真理顯而易見。

• 我們的信念是根據真實數據（線索）而來的。

• 我們所選擇的數據（線索）是可信的事實。[75]

這個框架也被視為策略敘事。

---

75. 這項清單重述 Rick Ross 的話。Peter M. Senge et al., *The Fifth Discipline Fieldbook* (New York: Crown Business, 1994)。

領導者影響力的一項重要任務，是要幫助他人檢視主導文化中的錨點和框架。有時這些錨點和框架是適切的（對於已宣告的策略而言），有時則否。領導者必須幫助其他人採取更好的錨點、發想洞見，以及改善組織的敘事。

別去修理文化，要善用其強項。 許多組織會試圖「修理」文化。然而，更好的作法是運用現存的文化錨點去加強對核心挑戰的反應。葛斯納寫道：「公司文化蘊涵龐大力量——我們不該丟失這股力量。」IBM 正面的文化錨點，諸如：員工的智慧與才能、員工對彼此觀點的互相尊重，以及員工對 IBM 傳統的驕傲，這些都提升了葛斯納的新策略。

身為溝通者的葛斯納專注於有關 IBM 核心挑戰的議題。葛斯納透過聯結途徑獲取「以服務作為整合邏輯」的洞見。然而，他透過強化微弱錨點（即矛盾洞見途徑）將策略傳達給組織，並提升服務這項錨點。他表示：「這樣新策略就不會被視為威脅，而是會被視為我們傳統產品單位的強大新盟友。」最終，服務成為 IBM 身分的強大錨點。

洞見分析工具：推論階梯

圖 9-1 的推論階梯 [76] 說明並區分個人推論活動的特定類別。它提供了一個框架來透視支撐信念的邏輯推論。瞭解他人信念背後的邏輯，就能減少誤會。

我利用推論階梯來更加凸顯洞見的機制，此舉有助於提升洞見的數量和品質。

從最低階層講起。你的具體任務是要尋找並挑出線索。這些線索可能是有趣的事物，諸如巧合或其他模式，也可能是偏離常態的異常和新奇事物。這些線索可能很小、很熟悉，使人們視為理所當然。敏銳度、同理心和開放的心理姿態這些精微技巧可以帶來幫助。

---

76. 請見 Chris Argyris, *Action Science: Concepts, Methods, and Skills for Research and Intervention* (San Francisco: Jossey-Bass, 1985)。

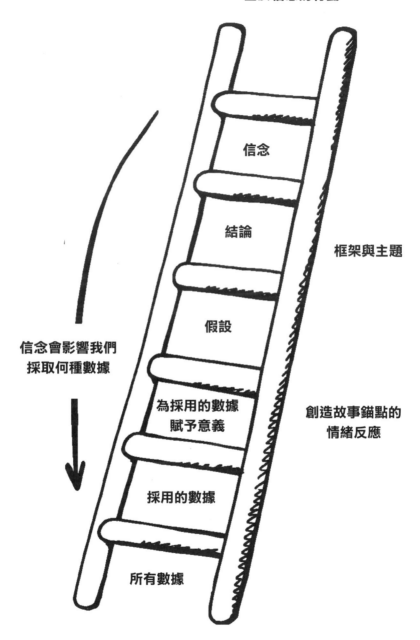

基於信念的行動

信念

結論

框架與主題

假設

信念會影響我們
採取何種數據

為採用的數據
賦予意義

創造故事錨點的
情緒反應

採用的數據

所有數據

圖 9-1. 推論階梯與洞見的要件

考慮的線索越多，改變或新增錨點的可能性就越大，進而能提升發想出洞見的機會。

下一階階梯是思考每個線索的可能意義。過程可以很簡單，例如判斷「哪個線索很重要」或「哪個線索不相關」。線索或許指向普遍性尚低的未來潛力地帶。當其他人發想某個洞見時，你可以探討那項洞見與其線索的關係，藉此更加瞭解對方的心理模式。

下一階涉及假設。回想稍早說的，錨點是線索加上情緒反應的組合——線索激起的情緒反應會進入我們的意識，並創造錨點。或許正如葛斯納的思緒被服務概念「點燃」一般，你也會因此而興奮。又或者，你可能會感受到熱情、痛苦、恐懼或焦慮。情緒是有效的策略思考信號；下一章將說明「我有什麼感覺？」這個問題的力量。

階梯的上面幾層涉及：做出結論、產生信念並執行信念。在這些階段中，我們的思緒會一併思考各錨點間的關係。我們的思緒會進行框架和重新框架（這正是洞見的定義），並推想這些洞見會如何影響策略邏輯。我鼓勵各位回顧關於葛斯納對服務概念的洞見，看看你是否能辨認推論階梯的各個過程。

為獲取更多、更好的洞見，你必須考量更多線索來評估故事錨點之於整體框架的相對力量。這裡值得我們重提三個洞見途徑。聯結途徑涉及增加新錨點並探索其意涵。矛盾途徑涉及強化薄弱的錨點。絕望創造力途徑涉及丟棄薄弱的錨點。

請注意圖示階梯左側的反射性迴路。字典將反射性一詞定義為涉及無意識反射性的動作。人們往往會習慣性地縮窄框架，以便排除與現有信念不一致的線索，並避免接觸到牴觸性的證據。第四章提到的資訊熨燙概念即為反射性迴路的一例。

給個明顯的建議：請留意反射性迴路以及它在人們故事中創造不切實際的強烈錨點的可能性。你有兩個選項，兩者都可能會激發洞見。你可以拋棄薄弱的錨點，或是尋找薄弱的錨點，並加以強化。

辨識花園路徑故事

想像一個充滿美麗植物與雕塑的花園，一條蜿蜒的小徑穿越其中。你跟著小徑走，卻意外地碰到某個突兀的事物。[77] 這就是花園路徑的意思。一切都看似很自然，但路徑卻出現意料外的結尾。

花園路徑句子（garden-path sentence）指的是一個文法正確，但卻讓讀者困惑的句子。舉例來說「The old man the boat」字面上可以讀為「老人、船」兩個不搭調的名詞。癥結在於，「man」其實可作為動詞，意思是增備人手。如此一來，此句就能讀作「老人在船上工作」。[78]

花園路徑故事與花園路徑句子的相似之處在於故事的每個部分都看似正常。看看 IBM 從 1970 到 1980 年代的四個框架錨點：我們有世界級的產品、我們具產業領導地位、我們雇有頂尖大學人才、我們有全球運輸能力。花園路徑將你引導到一個結論：IBM 肯定擁有偉大的策略與光明的未來。然而，花園路徑突然轉彎，告訴你一個關於公司在燒錢、客戶在流失並且在裁員的故事。

所以，我們必須思考的是：「你的組織（或對手），是否在對自己說一個花園路徑故事？」

我相信這個問題的答案對許多組織來說是肯定的。管理者僅僅遵循久經考驗、但已不適用於當下情況的假設。

平庸故事假說。蓋瑞・克萊恩解釋，由於以前的故事很平庸，所以洞見產生的故事比以前的故事好。[79] 平庸形容的是不傑出的事物——某個二流、不出色、乏味、不突出、平凡的事物。

---

77. 蓋瑞・克萊恩將花園路徑的故事定義為「某人採用了錯誤的框架，且儘管有越來越多證據指出該框架是錯的，他仍頑強地繼續採用該框架。」
78. 請見 Brandon Specktor，"7 Simple Sentences That Drive English Speakers Crazy," Reader's Digest，此網站 https://www.rd.com/culture/garden-path-sentences/ 上還有其他例子。
79. 蓋瑞・克萊恩在書中謹慎地少量使用平庸一詞，他寫道：「轉變是不連貫的新發現——意外地從平庸的故事過渡到較好的故事的過程。」他也提出「平庸的架構」的見解。

我會建構一個「組織目前的故事（即其策略與框架）是平庸的」的假說，將此平庸故事假說作為引導我身為企業教練的教學工具。以下問題能促進探索：「這個平庸故事假說有何證據？」

我們在本書中已經看過幾個平庸故事了。認為日本位於歐洲東方是慣性且狹隘的心理框架。奧克蘭運動家隊的對手追求傳統智慧，無法抗衡精明策略的優勢。與對手的正統策略相比，魔球策略是很出色的。IBM 多年來（或許有數十年）都在平庸策略下營運。其分拆策略僅建立在「IBM 與 AT&T 情況相似」的微弱類比上。IBM 的最大客戶們並不樂見 IBM 變成由多個小單位組成的供應商的商業模式。較理想的故事是：顧客更看重具整體性的 IBM。

人們希望聽到別人稱讚他們或他們的組織，這可以理解。人們在對話中會隱惡揚善、假裝自己表現卓越，這也可以理解。領導力與策略思考的一個難題是清楚看見事實——這個事實包括，許多組織對自己所說的都是平庸故事。正如葛斯納執掌 IBM 前的二十年間，許多成功的組職踏上了通往平庸的道路。它們安適地依賴過往策略創造的價值（IBM 對 System/360 的依賴即為一例）。

各位可以運用以下證據測試平庸故事假說：

- 專注於量性指標以及 5P 的強勁營運文化
- 對外在環境中的 VUCA 的忽略
- 自傲
- 解套設計
- 官僚體制；人們誤認為位階定義了決策上最相關的資訊
- 過度重視地位和八卦的文化
- 「當好人」（講別人想聽的話）的文化
- 與組織情況脫節的目標設定
- 「某一組人（思考者）會替另一組人（執行者）設定工作目標」的假設
- 財務報告

清楚看見事實。領導力的基本特徵包括：察覺自身處境現實的能力、幫助別人看清現實的能力，以及面對變化背後意涵的能力。

精微技巧：重新架構

一如貶駁的精微技巧，重新架構的精微技巧也需運用想像力。你可以單獨或與一群你信任的同事進行這項推測活動。

重新框架這項精微技巧是一種合成的技術，涉及錨點的新增、強化與弱化。策略者可以透過檢視線索與反應，探索如何在這些改變後的錨點上進行意義建構。新框架並不總代表著進步，但它確實能提升我們發掘對於情況與策略更好的解釋的可能性。

以下四個概念能幫助各位想像新框架：敘事（narration）、抽象（abstraction）、劃分（partitioning）、投射（projection）（NAPP）。[80]

敘事框架。敘事框架的技巧始於分析，運用先前提到的元素：框架、錨點、線索，來獲取對當前故事的理解。接下來，策略思考者就能合成新的替代故事。

任何故事中都有眾多主題，所以說故事的人（影響者）要建立一個主題做為更進一步建構意義的工具。主題有助於回答「這個故事的重點是什麼？」的問題。普遍認為，魔球策略的主題是分析法，但如我所闡述的，把魔球策略的主題視為策略思考更為恰當。然而，我也可以選擇把魔球、哥倫布，和 IBM 的策略解視為不同主題（如文化、領導者的執著、經濟、兄弟情、工具與創新的運用等主題）。

主題也能作為原型。舉兩個熟悉的敘事原型來說：其一是，組織已偏離自身傳統價值。這個傳承原型有個重新找回、重回過去「更純正的自我」的主題。葛斯納惦記著 IBM 的傳承價值。「IBM 的課題是要重新

80. 敘事、抽象、劃分、投射這些概念描述於 Alan M. Davis, *Software Requirements: Objects, Functions, & States* (Upper Saddle River, NJ: Prentice Hall, 1993)。

找回失去的東西。」葛斯納進一步解釋説：「研究導向的大型系統與基礎設備製造商身分是 IBM 的根基，而我們的策略行動與回歸這項根基很有關。」在其他組織中，這種回歸根本的信息往往是實施關鍵附加價值措施背後的邏輯。[81]

英雄冒險敘事（第二種原型）與尋找「更純正的自己」的傳承性敘事形成對比。在這種敘事中，IBM 的新自我正在轉化成以服務為核心（而非以產品為核心）的整合型企業。各位可以回顧第四章關於説故事這項精微技巧更廣泛的討論。

我先前介紹説故事的精微技巧時，描述過一些英雄冒險敘事的元素。在某些情況下，葛斯納扮演著不情願的英雄角色，被捲進拯救 IBM 這個國寶的冒險旅程中。他在旅程中並非隻身而行，而是有一群同伴相隨。

抽象。 人們會在日常生活中詮釋抽象概念。舉例而言，許多人喜歡欣賞抽象藝術。抽象行為（也稱作框架提升）是種移除非必要細節、尋找關鍵特徵的過程。IBM 的服務策略即為框架提升的例子——服務的定義受到提升（舊有的錨點將服務定義為針對已售出的產品進行維修和故障排除的維護活動）。透過將服務更廣義地定義為提供顧問式解決方案，葛斯納建構了保留 IBM 整體性以及重回產業領導地位的邏輯。

再提一個日常生活抽象概念的例子。人們在結婚誓詞中會説到愛、榮耀、珍惜、服從這些抽象詞彙，並以個人方式詮釋。人們在這種模糊性中仍堅持不懈是因為結果對他們很重要。同樣地，策略涵蓋權力、優勢、議題、承諾、執行等抽象概念。我們的挑戰是要詮釋自身特定脈絡中的抽象概念。

我稍早在本章中介紹過推論階梯的概念。另一個類似的工具是抽象階梯。其底層放置細緻的個別概念，而上層則放置較通用且抽象的概念。

---

81. 這些段落的概念源自一份論文，請見 David Barry and Michael Elmes, "Strategy Retold: Toward a Narrative View of Strategic Discourse," *Academy of Management Review* 22, no. 2: 429–52。

想像一下自己在這個階梯上移動。當你往上一層階梯爬時，就等同在把東西歸類。「組織」這個類別涵蓋公司、教會、學校和軍隊等單位。當你走下抽象階梯時，就等同在替某個概念獨有的特徵增添細節。最低層的概念是獨有的個別情況。

劃分。 劃分涉及將某個概念的元素分離成獨立的部件。劃分能使你縮窄或放寬你的視野，或過濾掉數據。這就像你在裁剪相片時，就等於在劃分影像一樣。

以下問題能幫助你應用劃分技巧：「這是什麼東西的一部分？」更深入的探測應當能揭露元素間的關係、運作方式與附加價值。

在試圖辨認核心挑戰時，劃分是很有用的輔助工具，對擁有複雜商業模式的大型組織來說尤其如此。一個組織可能會有多個商業模式，且各有其核心挑戰。某些商業模式充滿成長機會，有些則應該專注於合理化其成本結構。以下是個實用的策略思考練習：確認組織是否有多個市場、多種觸及市場的方式，以及多重價值主張。若市場有獨特性，就要針對各個市場辨認核心挑戰。

投射。 投射這項重新框架的技巧是運用想像力從不同角度視覺化不同情況。寬廣的框架能更全面地診斷策略情況。

以下是另一個想像力練習：假設某個外部組織正在打量你的組織，目標是要邀請你的組織結盟（例如合併），他們會看重哪些價值？他們若接管你的組織，他們會改變哪些事？

沿著圍欄走。 這項技巧始於一個比喻：住宅的土地界線與組織的邊界相似（此處的意象是有圍欄區隔自身與鄰居土地的獨立住宅。）第一步是沿著圍欄（土地）走，不時朝鄰居們的方向看，接著轉頭以鄰居的視角看向自家住宅。若觀察夠敏銳，你可能就會驚訝地發現，你一直盲目於外人清楚可見的缺陷。

下一步是運用想像力探討不同利益相關人的觀點。舉例而言，客戶

是怎麼看你的組織的？新進員工呢？政府監管者呢？供應商呢？

　　沿著圍欄走的技巧有個變化型。想像一位房屋仲介從各種角度評估你房子外觀的吸引力，考慮著房子和土地的報價。這位房仲會注意到什麼？斑駁的油漆和卡垢的屋頂是潛在的價位錨點，可能會拉低預估報價。

　　沿著圍欄走的練習能提升你對他人觀點的同理心，並幫助你辨認可能帶來廣大或長遠影響的議題。你可能會察覺到創新的機會，這種機會通常可以在組織的外圍地帶找到（事物在這些地帶很混濁和模糊）。

　　時間旅人。想像一位時間旅人（來自過去或未來）剛出現在此刻。這項活動涉及投射（因為這是個人觀點）以及敘述框架（因為時間片已改變）的重新框架技巧。

　　來自過去的訪客視此刻為充滿科技與文化變化的世界。來自未來的訪客會看見錯失的機會。透過以下問題，時間旅客情境有助於進一步闡釋時間視野（即第七章探討的 H1、H2、H3）：

- 對時間旅人來説，哪些事物會是熟悉的？
- 對時間旅人來説，哪些事物會是新鮮的？

　　IBM 當時的商業模式（H1）正在失去與環境的適性。當時，服務的發展不如產品的發展。服務的發展在未來視野中會越發興盛。H2 是幾乎所有組織、指標、文化要素的過渡區。

在框架提升的未來尋找機會

　　下一個技巧由三個步驟組成，結合了抽象與敘事框架此二重新框架的技巧。這個技巧是基於理查·諾曼（Richard Normann）鼓勵人們在框架提升的未來中尋找機會的建議。[82]

- **步驟一：**辨認你的組織的基本本質。在此步驟中，你要描述當下的現實狀況──不是你所希望的現實樣貌，而是其真實面貌。你需要瞭解

---

82. 此框架技巧描述於 Richard Normann, *Reframing Business: When the Map Changes the Landscape* (Hoboken, NJ: John Wiley & Sons, 2001)。

他人告訴你的故事，而不是你告訴自己的故事。先前說明過的關於沿著圍欄走的技巧可以幫助你更加瞭解你的商業模式。以下這個問題頗有助益：我們的服務或產品如何幫助客戶或利益相關人達成任務？

• **步驟二**：框架你的組織的任務，以看見對於類別的更廣大描述。舉例而言，IBM 成為了電子商業公司。再舉其他例子：Xerox 成了「文件公司」、福特汽車成為「運輸」公司，而忠實航空（Allegiant Airlines）將自己重新定義為「旅遊公司」。

在第七章，我說明了柯達的困境。該公司成功提升了框架，從紙本相片的概念，提升至「柯達時刻（Kodak moment）」的概念。「柯達時刻」成為流行文化中廣為流傳的用語，用來形容美麗或感人的事物值得透過照片保存記憶。柯達很幸運地在策略邏輯中擁有「時刻」的部分。但柯達的不幸之處在於其專注於「收集時刻」，而非「分享時刻」的錨點——這兩者間的細微中斷最終帶來重大影響。諸如臉書、Instagram，和 Pinterest 等公司的興起，要多虧它們挾帶的幸運優勢——它們的社群媒體平台善用了「分享時刻」的錨點。

• **步驟三**：想像框架提升的未來組織。這樣的框架提升任務如何受到中斷和未來潛力地帶的影響？對於未來的可能形體，你有怎樣的推測？你如何調配組織的策略資源？

系統韌性與向前邁進

一個受到侵擾的組織不等於被摧毀，它會以某種方式復原。有人會說 IBM 反彈了，但我比較喜歡說它向前邁進，更能適應產業的變動性未來了。

系統韌性說明了系統如何從侵擾和混亂中復原。想想森林大火後，動植物重新出現的驚人速度。另一個例子是城市在經歷地震或大火後的改變。系統韌性具有策略意涵，因為一組新狀態的出現，會是採取行動的機會。

IBM 具有先天上的韌性，而且這股韌性可能比其他同樣陷於掙扎的組織都強。IBM 能逆轉的第一、也或許是最重要的一點是，它與各國的

大客戶有極穩固的關係。如果某個全球客戶要布署橫跨全球的科技，IBM 是少數能提供多地點大規模服務的供應商。雖然 IBM 曾失足，但其客戶仍持續信任 IBM 的能力。再者，IBM 雇用的都是受過最頂尖教育，且成就最豐富的人才。這些人能很快地學習並執行新工作。IBM 韌性的第三個來源是經驗與智慧財產。

系統韌性的概念是策略思考的重要地標。未來可能帶來顛覆性的改變，而你的組織可以如何提升韌性呢？

洞見與直覺不同

洞見是個與直覺不同的概念。若要記得兩者的區別，以下這句話十分直截了斷：你會運用直覺開車；但你不用洞見開車。

直覺與大腦的「效率」運作有關，這就是為什麼經驗老到的駕駛在開同一段路時，很少會覺得腦力耗盡。直覺是一種記憶和習慣，是透過經驗和數以千計的重複動作和接觸所養成的。直覺的存在解釋了為什麼有成就的運動員和音樂家在比賽或表演時能看似如此不費力。

相較下，洞見是「有效」大腦運作下的結果。洞見能指引我們找到對於情況的更佳解釋。洞見是策略的秘密成分，直覺不是。

以洞見為導向

我在第五章中表明過，未來是策略思考的關鍵導航信標。洞見這項導航信標也同等重要。

IBM 的逆轉故事是個關於洞見力量的絕佳例子。葛斯納清楚表明，服務策略是個能夠支撐「IBM 獨特競爭優勢」的「強大邏輯」。從那句引言中，我們可以提取出這個有力的問題：你的組織的策略是否具備獨特、且能提供優勢的邏輯？

洞見（更具體來說是線索和錨點），是策略思考地圖上的重要導航信標。策略思考者會不斷在數據中尋找、並專注於每個線索。她會對那項線索進行意義建構，以測試是否能激發情緒反應。這個過程可以很簡單，例如提問：「這位利益相關人要求了 X——這是一個有趣的新狀況。

不知這項要求是否涉及更進一步的意涵呢？」

看待一個策略的好問題是：這個策略背後的洞見為何？

呵護新洞見

我們最好能在洞見的發展初期，將其視為需要透過呵護來發揮完整價值的概念。特別是在思考新興事件這項 X 因素時，策略者需要採取一項假設：脈絡在演變，且顧客需求、市場、族群組成、科技、和產業也在演變。重點不是誰先將新概念帶入市場，而是誰先把策略調整到位。將洞見完整與組織策略整合有時需要花上數年。

這裡的目標是以低成本達成學習。最低限度的可行產品是實用的工具；這種產品具備最少基本功能，但能使客戶完成工作的產品。此作法與測試產品原型的好處類似：開發者能快速以低成本獲取相關且實用的客戶資訊。

雖然本章強調洞見這項 X 因素，另外三項 X 因素：動力、機運，和新興事件，也存在於葛斯納的策略思考敘事中。每個 X 因素都影響了結果。假若葛斯納當時沒有對客戶服務以及在市場中得勝的熱情，故事會很不同。假若他當時不願意冒險下大賭注，該故事會很不同。假若網際網路沒有出現，故事也會很不同。

如同其他策略思考者，葛斯納沒有遵從既定的計畫方法，而是應用自己獨特的觀點進行計劃。他的觀點反映了獨特的職涯和個人旅程，這使他對於情況的判斷以及策略邏輯增色不少。

我在下一章中會探討觀點（perspective）這項關鍵主題。我會運用六個引導式問題，說明如何為自身策略處境建構策略思考敘事。

第二部

精通自我
與人際掌握

Part 2

Personal and
Interpersonal
Mastery

最後四個章節建立於第一部所探討的策略思考原則上。當你能管理內在力量，並透過影響力領導他人時，就代表你精通了自我與人際的掌握。

第十章（觀點）將說明，策略者的觀點源於真實獨特的自我，即策略者的個性與視野。本章提供一系列能幫助你根據自身情況打造策略的問題。這些問題圍繞在脈絡、自信、選擇、性格、常理，和投入上。

第十一章（肩上的天使）指出，有兩個天使在我們耳裡耳語。混沌天使時常會勝出。我會提到關於一位聰明、受過良好教育的執行高層做出不佳決策的例子。每個人都有會影響判斷、削弱有效行事能力的認知盲點。此章會介紹後設認知這項關鍵的精微技巧。後設認知是辨認並調節個人想法、感覺、行為的能力。此章的關鍵建議是：聽靈敏度天使的話。

第十二章（對談與審議）說明經過思慮的對談如何建立良好的策略。策略的一項關鍵任務是要將「我」的個人信念和選擇，轉化為集體共識的「我們」。此章將將介紹實用的工具，如兩人小組、假想遊戲、「達成、維護、避免」的技巧、詢問與倡議、推論階梯，以及決策的五個種類。

第十三章（當個非凡的領導者）描述一種超越常規的個人領導風格。此章將介紹 20 個策略思考精微技巧的最後一個。勇氣是指即便焦慮仍有所作為，勇氣是從眾行為的相反。策略思考者會運用勇氣對強權者說真話以及展望未來。領導力是指即便躍進未來是有風險的，你仍選擇在未來服務他人。

觀點

發展你的個人獨特常理

Perspective

我喜歡觀點一詞，因為它意味著每個人都能擁有。遠見一詞感覺暗指世上只有少數菁英才具有。
——黃仁勳（Jensen Huang）

觀點是個人的個性與其視角的融合。個人觀點是策略思考所有面向的基礎，這些面向包括：個人感知其獨特狀況、建構數據意義、進行合成與設計策略細節的方式。

個性的部分本質來自性情。家長都知道孩子們自出生起就有本質上的不同。性情是個人優點和弱點的源頭，並會形塑人們消化資訊以及在信號上建構意義的方式。心理學家有許多描述性情的著名工具，諸如麥布二式人格類型量表（Myers-Briggs Type Indicator）或基本人際關係導向行為評估（FIRO-B）。這些工具能幫助人們瞭解自己對於具體之於抽象數據的偏好、對可能性的開放程度、以及其他會影響個人意義建構方式的癖性。有些人的性情有助運用策略思考的精微技巧，有些人則需在這方面付出額外努力。

觀點的第二部分是人們的視角。視角包括資訊感知與意義建構方式，它們支撐了人們的見解、感受、和邏輯。

所以說，一個人的觀點涵蓋的某些穩定元素一輩子幾乎都不會改變、有些哲理元素會在歷經變化後持穩，而某些元素則時時刻刻在人們詮釋情況細節時變化。

如何發展自身策略觀點六個問題

圖 10-1 提供了發展觀點的三步驟框架，每個步驟都附有兩個引導問題。（其中六個 C 開頭的詞彙有助於記憶此框架。）步驟一的問題很容易回答，步驟三的問題則需要更多思考。

脈絡（Context）。關於脈絡的引導問題是：現在發生什麼事了？

發展對情況的良好意識很可能是個人和組織最重要的目標之一。真實世界複雜且凌亂。忽略 VUCA 是很容易的。同樣地，我們也很容易過

度簡化情況。

若想策略思考觀點，就必須避免過度簡化情況。一個人在發展因應繁雜與複雜的系統的知識與工具時，其觀點也會有所成長，並透過發展對於微弱信號以及「微弱信號可能會為未來帶來什麼影響」的意識來擁抱凌亂的世界。

拓展後的視角有助精進策略思考。所有的精微技巧都會促進更寬廣的觀點，諸如下列兩例的地圖繪製型問題尤其如此：

- 我用來描述自身現實的地圖是對的嗎？
- 我處於地圖的哪個位置？

步驟一
此刻發生什麼事？
脈絡

我有什麼感覺？
信心

步驟二
我有哪些傾向？
選擇

我是誰？
性格

步驟三
我採用了誰的常理？
常理

我願意投資到什麼程度？
投入

圖 10-1. 發展觀點的實用問題和概念。

説故事的精微技巧也很有幫助。以下是三個好問題：

- 此刻正在發生什麼此時此地獨有的事情呢？
- 此刻有哪些中斷？
- 情況脈絡如何影響進行中的事件，而人們怎麼看待這些事件？

信心（Confidence）。關於信心的引導問題是：我有什麼感覺？

信心是一種感覺。你的感覺以及別人所表達的感覺是種信號。情感和意見是人類存在自然的一部分，也是一扇能窺探他人內心世界的窗口。

想想那種獲取洞見時的興奮感。洞見能為人帶來能量，並創造行動的動力。另一方面，若人們在仔細分析模糊數據後發現上述洞見站不住腳，他們也容易感到生氣、挫敗、煩躁，和變得冷漠。

打造策略時特別要留意自信過高或過低的情況。比利·比恩的對手知道賽伯計量學的存在，但對該技巧沒有信心。哥倫布對地球直徑和與日本的距離的信念過於自信。這些問題有助於發展觀點與視角：

- 我是否過度自信地投入未受事實與邏輯支撐的行動？
- 我是否太缺乏信心而迴避做出必要行動？

信心是領導者的強大力量。自信心低落自然會導致猶豫不決與無所作為。無所作為會使現狀不變。另一方面，過度自信也是常見的認知偏誤。

我們也應該檢視統計學上的信賴度。許多組織都越來越喜歡使用量化方法，策略逐漸被數據與模型所引導。我們必須提升我們對於信賴區間、樣本數、離散這類術語的識讀力。

選擇（Choice）。關於選擇的引導問題是：我有哪些傾向？

人們往往是利用習慣解決問題的。有些人因應任何情況的方法是尋求解套，並採納腦海中第一個浮現的方法。令外某些人可能會仰賴指定專家的分析與建議。附錄 A 中介紹到的克努文框架（Cynefin framework）指出：不同種類的問題需要以不同方式處理。我們必須避免把習慣當作解決問題的預設方式。

這個引導問題頗直接。它提醒我們擁有「選擇行動與否」的決定

權，也提醒我們急迫性與重要性的差異。我們可以透過回答以下問題精進觀點：

- 我可以如何測試我的傾向？
- 我傾向於尋求或迴避冒險呢？
- 我可以尋求誰的建議？
- 哪些區域適合探測並建立假設呢？
- 競爭對手或篡位者可能對這個決定有什麼反應？
- 這個決定可能會產生哪些結果？

性格（Character）。 關於性格的引導問題是這個概括性的問題：我是誰？

從文學意義上說，「我是誰？」這個問題的概括性答案能反映你在某個正在上演的敘事中所扮演的重要角色。

回想本書先前對「營運的平凡世界」與「策略的特別世界」的描述。營運令人感到熟悉自在。離開平凡世界展開旅程是費力且需要勇氣的。

我們已經探討了「觀點的六個 C 模型」的前四個 C 了。下一個策略思考敘事提供了在打造策略時使用它們的機會。

STF 的故事

我建立的圖 10-1 架構背後有個故事，涉及一個名叫 STF 的小型社區非營利組織。STF 當時已創立十年，資金來自地方發展機構與若干在地企業的贊助。STF 明定的任務是，透過促進科技專業人員與各公司間的生態網路來促進地方福祉。STF 持續面臨的挑戰是，科技產業僅占當地經濟的一小部分。此外，二十一世紀初的經濟大蕭條削弱了贊助者資金投入的意願，重創了該組織。STF 為了因應，縮減了計劃的數量與品質。STF 是撐住了，不過是苦撐。

STF 新任總裁認為 STF 面臨一個赤裸的選擇：要不發展適合當前現實的新策略，不然就得解散。他的首要目標是逆轉情勢，所以請來幾位新的董事會成員來支持該決定。

其中一位新成員是威廉‧柯德斯（化名）。每當威廉介紹自己時，他都會提到自己曾服役於美國海軍陸戰隊。威廉無疑將自身身分與海軍陸戰隊緊密連結在一起。

董事會成員、員工、官員，或義工等稱號不完全代表一個人。人是獨立個體，說的話、做的事反映了其性情與教養。每個人的首要任務都是要在世界中找到其獨特的位置——這麼說並不為過。對於威廉而言，他的身分是海軍陸戰隊隊員。

威廉在海軍陸戰隊的過往經驗是，策略與計劃是相同的活動，兩者都以優化資源和執行任務為導向。作法很直接：指揮官表明意圖後，計劃人員就得安排資源以確保能實現指揮官的意圖。這個過程需要的是量性思維，涉及從目標往後回推達成該目標所需的步驟。

威廉現在的職位較像是軍事指揮官，而不是軍事計劃人員。他面對了「促進尚未被定義的利益相關人的利益，以及尚未被明示的利益」的模糊性。他的思考習慣[83]在其他脈絡裡很實用，但卻不足以因應這個情況。舉個例，我曾說洞見這項 X 因素就像策略的關鍵「秘密成分」。我至今仍清楚記得，我在鼓勵該董事會尋求洞見時，威廉嘲諷地抱怨道：「我們還在等什麼？從天而降的靈感？」

不過，我也要替威廉說句好話。他試圖離開舒適圈，而且他意識到身為社區組織董事會成員，需要考量的議題範疇比他在擔任軍事行動計劃角色時的技術性活動還要廣泛。

不久後，威廉辭去 STF 的策略建構專案職位，最終也離開董事會。STF 的總裁與其他幾位董事會成員意識到自身任務力量薄弱，而且對於尋找合適的目標感到挫敗又灰心，也因而請辭了。該組織兩年後停止運作。

我先前提過，六個 C 的模型源於我與 STF 的經驗。我的洞見源於以

---

83. 有關量性思維以及它如何阻礙策略思考的更多討論，請見 Matthew J. Schmidt, "A Science of Context: The Qualitative Approach as Fundamental to Strategic Thought," in U.S. Government, *Exploring Strategic Thinking: Insights to Assess, Develop, and Retain Army Strategic Thinkers* (Progressive Management, 2014)。

下兩個錨點的連結，即威廉的行為與「棘手對話」這個主題。進行棘手對話時，最壞的結果就是人們會互相指責，摧毀彼此的關係。我稍早說過，威廉後來辭去職務，STF 因而無法再受惠於他的精力與知識。

棘手對話有點像關於策略的對話，原因是人們對於同一個事件會有不同感受。對話的參與者必需對於現實的本質達成共識，且必須朝著在未來互惠的方向合作。將情況拆解為以下三個子對話頗為實用：

- 發生什麼事了？
- 我有什麼感覺？
- 我是誰？

在我看來，威廉對第二和第三個問題的回答很明顯會是：他感到挫敗、他是海軍陸戰隊成員。對於「發生什麼事了？」的問題，威廉與我的看法肯定不同。

我透過思索自己起初的洞見，建構了觀點模型的剩餘部分。

STF 的故事還有若干值得借鑑之處。

首先，我要對非營利組織的策略下幾個評論。數以萬計的非營利組織在為自身社區和族群帶來福祉。在地公司會鼓勵員工擔任非營利組織的董事會成員。擔任董事會成員對員工來說是意義重大的發展契機，因為他們會有機會拓展自身能見度並接觸董事會層級的決策。然而，這些身為員工的董事會成員常常只熟悉營運思考地圖，對於傳統、線性式、事件導向的目標設定，感到比較自在。

許多董事會成員都不太喜歡花時間在策略的模糊前端。他們之所以不情願投入策略工作是因為感到不自在。此外，非營利組織的專業員工和執行高層往往會深陷組織營運的細節中。員工向董事會尋求策略，反之董事會也向員工尋求策略。結果，沒人在進行策略思考，組織的重要性逐漸凋零。這時常導致不令人樂見的平庸結果。

第二項借鑑與學者口中的「代理問題（agency problem）」有關。這裡的代理一詞形容的是個人與其組織間的關係。STF 董事會成員之一的瑪格麗特是一家小公司的老闆。她對 STF 的策略和任務從來沒表現出太大興趣。她看重的是，參與董事會使她有機會與潛在客戶搭上線。瑪

格麗特並不自私，但她效忠的顯然是她的事業。瑪格麗特企圖發展事業客戶，這是可以理解的，但她也同意擔任 STF 的代理人。這是種兩難：面對潛在風險，她優先考量的利益會是什麼？

在發展策略思考敘事時，我們一定要意識到，委託者（雇主與公司）與代表其利益的代理人（員工）可能產生衝突。個體往往會優先追求所屬部門的目標，而不是企業更廣大的目標。每個人對風險的態度或容忍度都可能不同。委託者與代理人可能會傾向採取不同行動，而這種持續不斷的緊張關係會影響策略。這也是為什麼第一章對策略的定義涵蓋了「策略是促進組織利益的工具」的概念。以下兩個問題能有助提升你的觀點：

- 誰是利益相關者？他們有什麼利益考量和忠誠歸屬？
- 我忠誠於誰？

這個故事的最後一項借鑑是，當人們聽到策略一詞時，往往會假定組織策略計劃流程的實踐會帶來他們所尋求的解脫。離開營運思考這個熟悉的傳統世界，並踏上進入策略思考地圖的旅程，不是件易事。

將人物放進故事中：你的挑戰

請回想說故事的精微技巧以及英雄冒險敘事原型，在此原型中，英雄在平凡世界中受到召喚，展開進入特別世界的旅程。

現在，請把自己當作發展中的策略思考敘事中的主角。你會在這個獨特的策略思考敘事中扮演什麼角色？或許你是必需做出「跨越平凡營運世界的門檻，進入策略的特別世界」這個艱難決定的英雄。或許你會是敦促並幫助主角的導師。

同一群管理者很少會對策略有完全的共識。或許你是主角的盟友之一，你卻不同意他對於策略情況的想法。電影《魔球》鮮明地演出，比利．比恩的同事十分不認同他對核心挑戰的定義以及他採取的方向。葛斯納表示他曾多次因為提出直接報告，導致他整合 IBM 的努力受到阻撓。

本書的六個引導問題能作為你的敘事實用的框架。以下是使用前四個 C 問題的範例。第一例是威廉可能會針對他擔任 STF 董事會成員的經驗所寫的話。（我在括號中點出了 C 問題）

我得知 STF 需要商業社群人士在領導方面的協助，也聽說 STF 需要新策略。我曾聽其他董事會成員講述過 STF 的歷史，他們也提及 STF 對社群的影響力很薄弱。（這說明了脈絡，「此刻在發生什麼事？」）在海軍陸戰隊，我們會建立目標，並透過計畫達成該目標所需的步驟來建構策略。曾身為海軍陸戰隊一員的我明白，關鍵在於行動，而非白耗時間。（這句話反映了威廉的性格。）我深感挫折。為什麼這個組織不能設立方向和計劃呢？（這說明了信心，「我有什麼感覺？」）我傾向於繼續聆聽各方說法，這是為求謹慎，因為情況不符合我的預期（這說明了選擇，「我有哪些傾向？」）

第二例援引第八章對於葛斯納在海灘上散步沉思的描述。以下重述他的思考過程，內容同樣涵蓋脈絡、性格與選擇等概念。

我們已成功逆轉情勢，IBM 會存活下去。產業會繼續保有其動態性。我們可以預期新機會。我感到滿足，但又有志未伸，因為我來的目的不只是要拯救這間公司。我想達到更多成就。我在職涯中都在幫助各公司精進，而「IBM 能重返領導地位嗎？」這個問題，是對我領導力的考驗。我已經準備好給出「可以」這個答案了，也準備好讓公司動起來，好好運用我們的優勢了。

Character 的第二種意義

Character 一詞有兩個含義對於理解觀點很重要。第一種意思指涉個人在敘事中扮演的角色。第二種則描述個人的基本本質。我們會信任我們認為具有良好品格的人，而不信任具有不良品格的人。

以下段落說明了四種能幫助你發展品格與精進策略思考的概念。請注意，品格是經過考驗發展而成的：評斷決策結果，或進行道德推論時，把「自我」分離並尊重他人的觀點，至關重要。

品格的考驗。牧師作家華里克（Rick Warren）寫道：「考驗發展

品格，也揭露品格，而人生的一切都是考驗。考驗會使我們會學習和成長，進而賦予我們挑戰現狀的信心。」[84]

在英雄冒險敘事中，主人翁與外部環境的對抗提供了戲劇性，並使故事的關鍵張力得以舒展。在本章的 STF 例子中，與外部環境的對抗涉及安排優先順序，以及提升 STF 品牌在當地社區能見度的這項棘手工作。

人們也可能在心理上產生矛盾。或許 STF 的每位董事會成員都因自己在 STF（具體來說）與在世界中（更廣泛來說）的位置而掙扎著：我是誰？別人在我身上貼的標籤會抑制還是促進我的策略思考能力？

人們在瞭解某個策略情況的複雜度和風險後，往往會開始對自己個人與行為產生懷疑。「我讓自己落入什麼田地了？」是個常見的反省問題，也是內在障礙的例子。你會問題這個問題，代表你處於舒適圈外——而你也應該待在舒適圈外比較好。

動力這項 X 因素對策略思考至關重要。動力、野心，和勇氣源自個人的內在。某些人具備毅力，能迎接策略思考的挑戰。有些人不具備，他們只會退縮。

決策產生的後果不等於我們的自身價值。某些人會因為做出不好的決定而苛責自己。某些人甚至會把意外歸咎於自己。他們因此變得更墨守成規、習慣迴避風險，在現狀中裹足不前。

另一種觀點涉及培養並抱持「貿易者心態」——這是金融工具交易有成者會有的心態。這些人包括股市和期貨的當日沖銷交易者。成功的交易者會將自我與交易決定分離。失敗的賭注並不會影響他們的自我價值認知。同樣地，他們也不會因為押對了寶就認為自己是天才。成功交易者的心理大多源自寬廣的內心框架：市場是個無法被完全理解的複雜系統，但若賭注下得夠多，機率對交易者是有利的。

這種對風險的態度能凸顯並強化觀點。交易者的策略心態是自省、管

84. 請見 Warren, *The Purpose-Driven Life: What on Earth Am I Here For?* (Grand Rapids, MI: Zondervan, 2002)。

理可能造成衝動行為的情緒、對新數據採開放態度、對趨勢持懷疑態度（趨勢可能帶來幫助，也可能反咬人一口）、並能接受策略思考的四大 X 因素（DICE）。交易者很清楚自己無法掌控市場，但也明白市場會為心智敏銳之人帶來機會。

道德推論。許多組織和行業會頒布道德守則，列出成員應遵循哪些行為。這些規範化的道德標準很適用於描述權利、義務、社會福祉、公正性或特定美德。規範化的道德標準很類似營運思考地圖上的「完美」地標。然而，這些標準不能應用於所有情況。道德推論能替代制式規範。道德推論與策略思考有相似之處——兩者都把脈絡的理解視為關鍵。道德推論始於個人對自己與他人道德傾向的意識。這些傾向包括對好與壞、美德與惡習、正義，以及自由的判斷。以下是幾個「大哉問」：

- 何謂好與壞？
- 若規範的條文違反了該規範的立意，我仍應該照字面遵循嗎？
- 我在工作之外的義務有哪些（如家庭、社會、地球）？

尊重他人的觀點。許多人都在自身的策略視角和觀點上投注了心力。找他們談談吧。試著練習開放的心理姿態的精微技巧，藉此瞭解他們的觀點。即使你不同意他們的策略心理模式，你會發現，當你努力瞭解他們的邏輯時，你同時也在強化和精煉自己的觀點。

第五和第六個C：常理與投入

我們來思考圖 10-3 第三步驟的兩個問題。一個人的觀點包括對情況的常理判斷以及將自身資源投入策略（或營運）的意願。

常理（Common Sense）。關於常理的引導問題是：我採用了誰的常理？

將「常」和「理」兩字分開看能有助理解。常理指的是有一群人（常）對實用、有用或真實的定義具有共識（理）。

我先前提過，我有一個關於「連結個人感受與棘手對話」的洞見。另一個洞見能強化其架構。我是在聽到顯示卡製造商 Nvidia 創辦人黃仁勳的故事後，發想出此洞見的。他解釋道，身為電玩世代的他認為有件事似乎顯而易見：遊戲玩家對表現更好的電腦晶片有持續的需求。他看到了專注於製造和供應這些晶片的商業模式的機會。那對他來說是常理（儘管這個常理是他的團隊獨有的）。擁有遠見不是重點，重點是具備獨特觀點。[85]

某個人感受到的強烈訊號，可能是別人眼裡的微弱信號；對某人而言的無理，在別人看來可能是常理。人人都有自己的獨特觀點，那是價值的一項源頭。

人們聽到主觀認知是策略的理想特質時常常會感到詫異。處於營運地圖上的他們重視客觀性。這些人的經驗是，主觀認知不過只是個人意見，應該受到輕視——主觀認知代表脈絡影響了真相與事實。舉例而言，想像一個人對著另一人說：「我明天六點打電話給你。」這講的是早上還是晚上六點呢？假使對方住在不同時區呢？若缺少時區和早晚這些社會與文化的慣例，你將無法瞭解「六點」這個「事實」的真相。

對策略的打造而言，主觀認知是件好事，尤其如果這項主觀認知伴隨對手無法取得的獨有洞見，那更是如此。寬泛的常理可能會很貧乏、平庸。如果主流中的大多數人都同意對情況的某項詮釋，那麼這項常理也可說是很普遍、傳統，且具教義性。

這種主觀認知為創業者帶來機會：若說常理是主流大眾所熟悉的事物，那麼這種主流熟悉感很平凡且正統也是很合理的。這裡有個微妙的諷刺：一套概念越是受到廣泛接受，組織文化就越可能沾沾自地接受這些概念，這會使組織暴露於中斷與破壞的影響中。

在哥倫布的時代，「日本位於歐洲東邊」的假設是個常理。但哥倫布有不同的常理：即日本位於歐洲西邊。對細節的細緻看法有助提升策

85. 他的談話（包括這章開頭的引語）可以在以下影片中找到：Jensen Huang, Vision Versus Perspective, 2009，https://ecorner.stanford.edu/video/vision-versus-perspective/。

略思考的各個面向，這裡也不例外。

投入（Commitment）。關於投入（第六個 C）的引導問題是：我會在何種行動中投入何種資源？

在第三章中，我運用了西洋棋的比喻來區別二號支柱（策略思考的認知元素）與三號支柱（資源的實際整合）。二號支柱的策略建構方式是以系統觀點考量決策後果。用第八章說明過的標準來看，她做策略決策是為了讓後續的選擇能有所依據，且對手亦可能據此做出回應。她會評估情況、想像下一步的種種可能性，並做出資源投入的決定。

來想想更具揭示性的問題：我願意投入到什麼程度？

問題中的「什麼程度」部分涉及細緻性。相較於完全被說服，若你存有嚴重的疑慮，你可能會選擇做較小的投資。我們先前討論過的探測與實驗的技巧有助於確立執行策略所需的方法和資源。

策略者的觀點

我在全書中都提倡非教義、非傳統、非遵從、非平凡的思考和作為。一個人的策略思考紮根於其個性、人生經驗和當下觀點。不會有任何人的觀點是一模一樣的，因為每個人都會在獨特的人生道路上累積資源：經驗、知識、態度、野心、常理和眼界。人生道路形塑了人們的觀點並影響其策略思考。

我建議各位將你獨特的自我和觀點視為優勢，使組織更多元化，從而變得更有韌性。個人的策略思考觀點與領導觀點結合後，會成為一股促進組織利益的力量來源。

針對自身情況書寫策略

策略評估的第一個步驟很直觀：先想像一個角色（自己或是別人）。她正在留意情況以及自身感受。利益相關人對他們的利益以及情況本質有許多想法，有些強烈、有些微弱。

書寫策略時，可以運用一項技巧解釋你對情況的想法：對穩定現狀

表達質疑。以 IBM 的例子（描述於第八章）為例，先說：「我們很懷疑未來的主導配置會是桌上型獨立電腦」，接著建立一個（或更多）對於未來的假設，會是很有力的作法。

我鼓勵各位繼續探討六個 C 技巧的其餘問題。你可以合併運用先前提到的書寫策略的五部分樣板來擴展以上技巧。（你可能注意到了，這兩項技巧有重疊；兩者都包含脈絡和角色的元素。）

各位肯定注意到了：本書提出了許多問題。最好的答案需要透過大量反思取得，這清楚解釋了為什麼管理者不在探測和反思上投入精力，而偏好直覺性地進行容易許多的目標設定。

在下一章中，我將說明後設認知這項精微技巧。那指的是有意識地觀察自身知識、技能、盲點，藉此進行自我調節的能力。後設認知是高績效人才的特徵。

展望最後兩章，我將說明將個人的「我相信」轉為集體的「我們相信」會遇到的實際問題。當情況需要以新策略因應時，我們該如何建構想法上的共同基礎以及決策上的共識呢？

第十一章

肩上的天使

培養敏鋭度，避免落入混沌

Shoulder Angels

不幸的是，世界不是非黑即白。

不論職責為何，資深管理者人生大半都處於灰色地帶——那往往是危險且艱困的所在。

——史蒂芬‧理查茲（Stephen Richards）[86]

有為數驚人的高階經理人曾因白領犯罪被定罪。

來看看薩姆爾‧瓦克斯（Samuel D. Waksal）的例子。他擁有博士學位，且是製藥公司 ImClone Systems 的創辦人暨執行長。瓦克斯得知美國食藥署拒絕核可該公司的一項關鍵產品，而這種消息通常會使製藥公司股價下跌。瓦克斯將消息走漏給女兒和其他人，他們在消息公布前就出售股票。[87] 此舉觸犯了證券法。

這位聰明有才幹的高層為何決定使自己的事業、家庭、財富、和社會地位陷入險境？

許多人認為瓦克斯的基本人格惡劣：不道德且貪婪。從瓦克斯的背景來看，很難預測他人生注定要坐牢。瓦克斯承認自己沒有小心考量自身情況以及決定的後果。這是較合理的解釋。我認為他的思考陷入混沌而缺乏敏銳度。瓦克斯仰賴直覺，在原可做出正確決定的時點，做了壞的決定。[88]

瓦克斯是許多成為白領罪犯的管理高層之一。哈佛大學教授尤金‧索提斯（Eugene Soltes）長期以來與這些人進行訪談。索提斯發現，在許多案例中，犯罪行為都源於「直覺和本能」，而且他們「花費很少精力思考後果，令人吃驚。他們似乎沒怎麼思慮就決定犯下罪行了。」[89]

---

86. 請見 "The Psychology of White Collar Criminals," *The Atlantic* (December 14, 2016)。以及 Eugene Soltes, *Why They Do It, Inside the Mind of the White-Collar Criminal* (New York: PublicAffairs, 2016).

87. 其中一個被揭露的是媒體名人瑪莎‧史都華（Martha Stewart），她因為利用內幕消息謀求經濟利益而坐牢。

88. 「基本歸因謬誤」是指，人們在評斷其他人的行為時，把重點放在個人特質上而乎略情境因素的謬誤。

89. 請見 Soltes, Atlantic, and Soltes, *PublicAffairs*。

再來看看第二個涉及糟糕決策的故事。1960 年豬玀灣事件的慘烈失敗是個受到廣泛研究的策略決策。這個決策是在甘迺迪總統任職前期所下的，當時甘迺迪受到好戰的古巴卡斯楚政權所擾，他進而批准顧問提出的計劃，發動企圖推翻卡斯楚政權的軍事行動。結果一蹋糊塗。

憶起當時集體做出的愚蠢決策，甘迺迪表示：「我想，太希望某件事成功時，看待現實的視野會被阻隔。」[90]

甘迺迪的決定（相較於瓦克斯的衝動決定）是經過思慮的。計劃團隊為達成目標，建構了後勤與權衡系統。團隊在把計劃呈交給甘迺迪前，已經討論並探究過計劃的影響。甘迺迪的顧問也參與了決策。然而，他們仍做出了美國外交政策史上最大的失誤之一。

再舉一例，第八章曾提到，葛斯納憶起過某場 IBM 策略會議。在那場會議中，儘管組織處於危險處境已是事實，與會的 26 位資深執行高層仍沒有著眼於核心挑戰，且無法綜觀全貌。葛斯納表示，IBM 是他所見過人才最厲害又聰明的組織。然而，這群執行高層卻沒有辨認組織情況全貌或著眼其核心挑戰。

這些示例的共同點是，有聰明才智的執行高層仍會忽略長期發展、事物全貌、與多元觀點這些常識性的任務。頂尖大學學歷並非萬靈丹，關於成本效益計算的知識也不是。這引出了一個關於策略思考能力概念的關鍵問題：

如果聰明的管理高層容易犯下衝動、思慮欠佳、狹窄框架的錯誤，他們在打造策略時，是否也更容易落入思維捷徑的陷阱？

這個問題的答案絕對是肯定的。這對任何組織的利益相關者來說都是一記警鐘。人們很容易就會陷入混沌中，使策略思考能力受阻。任何組織都可能遭致決策的潛在災難性後果。

---

90. 甘迺迪值得讚賞的是，他與其顧問以批判性的眼光檢視了自身認知以及決策風格。事實證明，這對後來處理古巴飛彈危機是有幫助的。

有什麼辦法能解決混沌呢？

英特爾前總裁安迪・葛洛夫（Andy Grove）提供了一個答案。在其著作《10倍速時代：唯偏執狂得以倖存》（*Only the Paranoid Survive*）中，他評論了為何現有組織會被顛覆性的組織削弱。他解釋道：「成功會導致自滿，自滿會招致失敗。唯有偏執狂得以倖存。」[91] 葛洛夫口中的偏執狂一詞是種誇飾，藉此提醒人們要把注意力放在外部中斷上，並避免理所當然和鬆懈的態度。

有一點值得一提（因為那強化了第十章中對觀點的討論），即身為猶太人的葛洛夫早年在納粹統治的匈牙利經歷了許多考驗。他在 1957 年抵達美國，身無分文，幾乎不懂英語。他後來成為二十世紀最頂尖的商人之一，曾獲選《時代》雜誌年度風雲人物。葛洛夫是策略思考者的動力（X因素）的絕佳例子。

另一個避免做出混沌決策的技巧是鼓勵利益相關人之間多對話。若想阻止愚蠢的決定，往往只需借助他人的觀點或對基本原則的提醒就能做到。

或許你獨自思忖著。你可能來場更好的內在對話嗎？我們來探討兩種內在的聲音。

肩上的天使

肩上的天使是大家熟悉的文學橋段角色——壞天使與好天使站在各一邊肩膀上。在此比喻中，我將兩個天使分別稱為混沌天使與靈敏天使。

好天使代表人們的良心，鼓勵她踏上道德的道路。好天使與另一邊肩膀、不懷好意的天使形成對比。壞天使鼓勵她放縱私慾，或提醒她很累、很忙了，滿足於自身成就即可。圖 11-1 是兩個天使耳語的例子。

精微技巧：後設認知

後設認知是「意識與自我調節之間刻意且持續的互動。」[92] 當你把專

91. 請見 Andrew Grove, Only the Paranoid Survive (New York: Doubleday, 1996)。

注力放在靈敏天使上，並依照其建議行動時，就等於在練習後設認知的精微技巧。

後設認知與省思這兩項精微技巧有許多相似之處。後設認知是指有意識地觀察自我當下的知識、想法、行動，和感受。

「你的行程夠緊湊了。」　　　　　　「時間並不總是需要被管理的資源。未來是機會的來源。」

「你有很多責任。」　　　　　　　　「想想你想留給未來世代的傳承」

「時間與其他資源很稀少。」　　　　「機會存在於我們四周，等著被發現。」

「你喜歡事情簡單點。」　　　　　　「細微差別與小細節時常關乎勝敗。」

「你過去相信直覺的經驗都很成功。」　　「不要自滿。」

「沒人會發現你偷工減料。」　　　　「捷徑時常會導致重工或更糟的後果。謹慎處理重要的事是更妥當的作法。」

混沌天使　　　　　　　　　　　　　靈敏天使

圖 11-1. 兩個肩上的天使

---

92. 此定義引自 Lauren Scharff, "What Do We Mean by 'Metacognitive Instruction'?" *Improve with Metacognition* (March 21, 2015)。

自我調節是後設認知的基本特徵。你可能會注意到自己這麼想：「我沒有以理想方式運用大腦。」習慣有效運用後設認知的人，會有意識地留意自身思緒，並透過改變行為來做出回應。

這三個步驟能精進後設認知的機制：

• 步驟一是規範性的，可以確認你的理想。這個問題很實用：我應該如何評價、瞭解、學習、思考、做事或感受？

• 步驟二是評估你當下的真實情況。你該問的是：我真正看重、瞭解、思考、進行或感受的是什麼？

• 步驟三是採取行動來縮小理想與現實的差距。

後設認知的精微技巧是與直覺和本能抗衡的力量。想像一下，若瓦克斯的後設認知更活躍，把合法性和長期影響作為自身行為的準則，他就可能會注意到價值與行為間的差距，也可能會意識到他正在忽略實用資訊，受到過度自信的負面影響，且正在考慮做出衝動的決定。若瓦克斯具備更強的後設認知，他可能會做出不同的決定。

四個觸發後設認知的問題

後設認知的肩上天使與混沌天使不同，前者耳語的問題會觸發人們的自我意識和自我調節機制，其中包括以下四個好問題。

觸發問題一：我是否處於學習模式中？

此觸發問題有助於後設認知激起其他實用的精微技巧（如好奇心、敏銳度、開放姿態、歸納推理、省思、重新框架、高品質問題與同理心），並加以強化。雖然人們喜歡學習，但往往不喜歡在舒適圈以外的領域學習。他們會對素材進行資訊熨燙，尋找有娛樂性的事物或能確認他們既有信念的資訊。

對許多人來說，與策略思考相關的學習是挑戰性很高的素材。我建議各位複習有意義的學習（介紹於前言）與初心者的心態（第一章）這兩個主題。

觸發問題二：我在使用營運思考地圖還是策略思考地圖？

第二個觸發問題與情況意識以及情況導向有關。在組織中，人們往往會只仰賴營運思考地圖，而沒意識到其他選項。

以下的額外問題能加強和深化這個觸發問題：

- 我有意識到自己目前專注的焦點是什麼嗎？
- 我是受到營運思考地圖還是策略思考地圖的地標指引？
- 這些地標對我的思考習慣和身體習慣影響有多大？
- 我的選擇和行為是受到洞見的引導，還是仰賴衝動、直覺和本能？
- 我是否在搜尋有趣而非陳腐的事物？
- 哪些利益相關人會受到策略決策的影響？他們如何被影響？

觸發問題三：我有什麼感覺？

這個第十章出現過的觸發問題讀者應該不陌生。你對情況的感覺可以作為顯示自己當下觀點的一扇窗。

或許某項洞見使你充滿力量，讓你感覺很棒──在你以行動執行該洞見時，你變得更專注了。另一方面，若尋不著洞見，你可能會想繼續進行察覺微弱信號和意義建構的工作。

又或許，你因為分心而難以進行策略思考。我用縮寫 DAYRT 來記憶五種麻煩的心境。[93]

- 懷疑（Doubt）：我知道有些策略者會有時對自己喃喃道：「我到底在這裡做什麼？」產生懷疑是很自然且可預期的事。策略思考者可以透過檢視其疑慮，如：「我有哪些疑問？」，來更完整地瞭解自身傾向。這些懷疑至關重要，因為那可能意味著你正掙扎著釐清模糊信號。

- 厭惡（Aversion）：憤怒是人之常情。某些組織強調和諧，所以若有人表達憤怒，就足以擾亂任何關於策略的對話。因此，人們變得較不坦率，較傾向於撫平衝突。在第十章中的 STF 例子中，厭惡感使人們

---

92. 這些因素引自 Sylvia Boorstein, It's Easier Than You Think: The Buddhist Way to Happiness (HarperSanFrancisco, 1995)，我將原本的「色慾」因素替代為「想望」因素。

不情願消耗精力來幫助組織重新站穩策略的腳步。

‧ 想望（Yearning）：這是指一股想得到自己沒有的東西的感覺。豬玀灣事件的失敗案例就是一群人們專注於渴望而忽略相關資訊的例子。

‧ 躁動（Restlessness）：一顆躁動的心往往會煽動擔憂和焦慮的情緒，引發坐立不安和注意力不集中的徵狀。

‧ 萎靡（Torpor）：有些人會陷入精力低落的狀態。由於眾多原因，他們從工作與職責中抽離，被動地回應環境。

當我發現自己出現這些心境時，我首先會提醒自己，任何感覺都是暫時的，且心境時時刻刻都在轉變。我也會提醒自己策略思考的一項重要目標是要盡可能地清楚看見現實。我仍堅信會有力量（尤其是省思的精微技巧）能與這些麻煩的心境抗衡。我發現散步、運動、補充睡眠，或與信任的諸如朋友、顧問、同事討論這些議題，是很有幫助的。

觸發問題四：認知偏誤如何影響我的判斷？

薩姆爾‧瓦克斯的例子點出了決策所涉及的心理因素的重要性。這個例子支持了一個普遍的論點：人們會因為無法察覺情況並採取合理的行動，因此變得無能。瓦克斯選擇看重某些線索而忽略其他線索——他專注於可能會賠錢的線索，但忽略洩露上市公司的特定資訊會觸法。

這提供了我們檢視故事錨點和重新框架這兩項精微技巧的機會。我們先前提過，錨點是線索與情緒反應的組合。瓦克斯的框架裡有個強烈的線索，即股價會下跌，這伴隨了想規避損失的情緒反應。

另一個相關的故事錨點是合法性。瓦克斯原本可以選擇在任何時候

---

77. 蓋瑞‧克萊恩將花園路徑的故事定義為「某人採用了錯誤的框架，且儘管有越來越多證據指出該框架是錯的，他仍頑強地繼續採用該框架。」

78. 請見 Brandon Specktor, "7 Simple Sentences That Drive English Speakers Crazy," Reader's Digest，此網站 https://www.rd.com/culture/garden-path-sentences/ 上還有其他例子。

79. 蓋瑞‧克萊恩在書中謹慎地少量使用平庸一詞，他寫道：「轉變是不連貫的新發現——意外地從平庸的故事過渡到較好的故事的過程。」他也提出「平庸的架構」的見解。

售出其 ImClone 股票——除了他企圖利用內幕消息獲利的時候。瓦克斯似乎忽略了合法性的線索，將其視為微弱錨點。事後看來，若瓦克斯強化了合法性的錨點，他就會產生此洞見：要抵抗做出犯罪行為的衝動。

所有人（包括管理者）都自然會傾向於忽略微弱信號的模糊性。即便眼前的有力證據顯示策略適性不佳，管理者仍偏好維持現狀。管理者往往沒有採取對組織長遠利益最好的行動。

瞭解混沌的根源使我們能防止它發生。我想像肩上的後設認知天使對著我耳語：「我們已應用判斷力；我們要注意易得性捷思法[94]和替代效應的侵擾，因為它們往往會導致混沌。」

混沌的連擊。 想想如何回答以下問題：

- 一般性問題：對於組織和我來說，什麼事是重要的？
- 一般性答案：第一件浮現腦海中的事。

認知心理學有兩個術語有助於我們更精確地理解這項心理過程以及心理失誤的根源。

捷思法是一種心理捷徑（或經驗法則），它使大腦能有效率地處理大量資訊。大腦會利用易得性捷思法（availability heuristic）這種捷徑採取第一個浮現腦中的可行答案。請回想圖 1-1 的小姐與老人的圖像。多數人看到兩張臉的其中之一就不看了。由於答案已經夠好，大腦很少會花費額外的精力去繼續搜尋新資訊。這有個風險：第一個答案往往不是最好的答案。

或許你曾聽過關於某個人在一盞路燈下尋找車鑰匙的故事。雖然主角是在別處丟失鑰匙的，她卻在路燈下找鑰匙，因為「那是最明亮的地方。」[95] 這種謬見會影響我們尋找策略資訊。我們往往會搜索我們視線

---

94. 請見 Daniel Kahneman, *Thinking Fast and Slow* (New York: Farrar, Straus and Giroux, 2011)。

95. 這被稱為路燈效應。下列的文章以有趣的角度看探究了該效應的歷史： " 'Did You Lose the Keys Here?' 'No, But the Light Is Much Better Here,' " Quote Investigator，https://quoteinvestigator.com/2013/04/11/better-light/。

可以觸及的地方，而不是搜索最有可能發現有用資訊之處。

　　易得性捷思法是使我們思考陷入混沌的第一擊。第二擊是替代效應（subsitution effect），這指的是在面臨問題或麻煩但沒有立即的解答時，大腦會傾向以較簡單的問題替代原本的問題。

　　讓我們運用這個「易得性捷思、替代效應」連擊解釋組織中許多關於策略的討論吧。

　　想像你問某個忙碌的執行高層：「你的策略是什麼？」這個問題很可能會觸發易得性捷思法，使對方回答腦中浮現的第一個想法，例如：營收。除非對方有某種心理警覺，能停下來拓展框架，否則她會在心理上用目標陳述替代策略問題，並回答說：「我的策略是提升營收。」這種心理活動是在潛意識中快速進行的。對方的心理過程越簡單，就越可能對自己的答案感到自信並忽略策略議題。

　　易得性捷思法和替代效應是所有人精神生活的特徵。易得性捷思法說明了為什麼許多聰明能幹的人會忽略模糊性。替代效應說明了為什麼多數組織都安於以目標和抱負取代良好的策略。

謬誤、幻覺、忽視

　　後設認知的天使提醒我要「留意 FIN」。FIN 是謬誤（fallacy）、幻覺（illusion）、忽視（neglect）的縮寫。

　　以下段落提供了影響策略的常見謬誤、幻覺、忽視的例子。

　　忽視。我在第一章就開宗明義地指出「人們會忽略模糊性」。人們會忽略造成他們心理不自在的事物，包括模糊性、競爭，和複雜性。

　　外表的幻覺。「成功要靠穿著」這個建議是關於幻覺的常見例子。即便外表與才能、智慧，或品格沒什關係，人們仍持續強調要穿得好、穿得得體，因為那會給別人我們有理想特質的印象。在魔球的例子中，專業球探會以球員的外表作為推薦的依據。

過度自信的幻覺。 人們很擅長編造解釋和預測。幻覺的另一個常見例子是人們對自己的知識和能力過分自信，並相信自己知道即將發生什麼事。

念舊的幻覺。 人們的記憶中，過去往往都是更簡單、更愉悅、更美好的時光。在政治與其他領域中，你會發現人們把往昔時光當作寶，想要回歸到某個其實不曾存在的時代。IBM 的葛斯納曾說：「本公司的黃金時代──雖然這個形容大致不假，但至少某部分是幻覺──強烈地抓住了 IBM 某些員工的想像和心。在他們的認知裡，任何改變都會讓情況變糟。」[96]

經驗象徵專業的幻覺。 當我們碰到新奇和新興情況時，「經驗被當作專業」這件事問題就很大。舉個著名的例子，其中涉及約翰·史密斯（John Smith）船長以及他在號稱永不沉沒的鐵達尼克號悲劇中的角色。史密斯擁有豐富的一般航海經驗，但他承認自己沒有處理危機的經驗。史密斯的廣泛經驗不足以引導他採取適當作為來避開冰山、並在意外發生後盡可能拯救乘客。

一個人實施解決方案的經驗，幾乎不能反映其診斷新情況或解決不熟悉問題的能力。所謂聰明，指的可以是學識，也可以是學習方式。在這個快速變遷的世界中，專業應該始於探索未知、瞭解脈絡，發想替代解方，進而尋找到最合適的解方。[97]

---

96. 請見 Louis V. Gerstner Jr., *Who Says Elephants Can't Dance? Leading a Great Enterprise Through Dramatic Change* (New York: HarperBusiness, 2002), 212，另見前面章節關於葛斯納的註腳。

97. 欲更深入瞭解，請見 Karl E. Weick and Kathleen M. Sutcliffe, *Managing the Unexpected: Assuring High Performance in an Age of Complexity* (San Francisco: Jossey-Bass, 2001), 109。作者建議，策略思考工作應該交給具備選擇問題組合（choice-problem combination）專業能力的個人或團隊去做。

計劃謬誤。[98] 人們時常擬定計劃、投入計劃，以及進行預測。他們預測的基本上都是最佳結果，而且忽略了兩件事：1）具不確定性的外部事件，2）在未來改變主意的可能性！這是種錯誤的推論（即謬論），因為明智的人會考量到不確定性，也會考量到人們的需求與企圖時常會改變。

一個避免計劃謬誤的方法，是在投入計劃前先蒐集其他類似專案的統計數據。這稱作「基礎率」（開餐廳的高失敗率即為基礎率一例）。探討餐廳平均表現是個合理的作法。儘管失敗的基礎率很高，每年還是有數以千計的人投入畢生積蓄開餐廳。

沉沒成本謬誤。沉沒成本謬誤涉及投資決定，其梗概是：已經花費的成本應該視為未來投資。理性投資者只會思考預期的未來報酬。

壞資訊與認知偏誤

幽默的話語時常揭露真相。以下謎語即為一例，它點出不佳策略的兩根主要根源。

問：將壞資訊與認知偏誤結合，會得到什麼？

答：我們的商業策略。[99]

我們來利用此謎語進一步探究壞資訊和認知偏誤的角色。

壞資訊有許多型態，也有許多成因。它可能源於有問題的設備或報告所提供的失準數據，也可能是對手的欺騙手法，或是出自想把壞消息包裝成好消息的手段。它可能源於無知，例如將預算和目標錯認為策略。

認知偏誤一詞的定義並非「情緒受到邏輯破壞」。其實，偏誤一詞在此具統計學上的意義，表示一種傾向：一般職業籃球員的身高會比所

---

98. 計劃謬誤一詞最先是用來形容過度樂觀地預測專案工期的推論錯誤。這個詞彙當今定義更廣，涵蓋任何計劃（包括策略計劃）。欲更深入瞭解，請見丹尼爾‧康納曼在一段訪談中的回答。全文請見 Gallup, "The Truth About How We Think," Gallup Business Journal (March 20, 2012)

99. 笑話改編自 Scott Adams, How's that Underling Thing Working for You? (Kansas City, MO: Andrews McMeel Publishing, 2011)。

1
8
2

有人的平均身高都高。認知偏誤展現了人們的心理習慣，諸如日常生活中察覺資訊、消化資訊、並做出決策的方式。認知偏誤時常會影響策略，因為認知偏誤是種盲點，會阻礙感知和邏輯。

德國電力公司萊茵（RWE）的伯恩哈德‧岡瑟（Bernhard Gunther）發現若干令人失望的大型投資都受到認知偏誤的負面影響。[100] 他解釋說萊茵公司先前下了不佳的賭注（資本投資），其商業模式「假設物資與能源價格會不斷上漲」。該公司沒有針對因再生能源需求與經濟而生的中斷，或與日本福島核災相關的中斷做好準備。

岡瑟指出，萊茵欠佳的商業決策起於多項認知偏誤。他發現的證據指出，該公司的投資邏輯假設過去的趨勢會繼續。這稱作現狀偏誤。萊茵也發現內部存在確認偏誤（即傾向過度強調與自身信念相符的證據，而略過或忽略與與其不符的證據）。向日葵偏誤指涉及等待老闆發號施令而非提出反面意見或證據的傾向。該公司發現此現象擴展到了階層系統的最深處。

萊茵內部知道公司可以更好，所以提供訓練去鼓勵員工發展自我意識，並改正自己與他人的認知偏誤。該計劃包括決策模式訓練與判斷識讀力訓練。該公司鼓勵員工多使用原型、探測、實驗等工具，並增加獨立外部審核員來訪的次數。

保持機警！

我在本章中提出證據，指出聰明能幹的人在本質上也會有認知缺陷。聰明的人也是人，所以他們會忘記事情、忽略別人看來明顯的事、發表令自己後悔的聲明。他們專注於具體、膚淺的事物，而非崇高的事物。每個人隨時都有犯下認知錯誤的傾向。然而，即便人們可能在認知上出錯，那並不代表他們會犯下那些錯誤。若他們夠機警地留意謬誤、幻覺、

100. 請見 "A Case Study in Combating Bias," McKinsey Quarterly (May 2017)，https://www.mckinsey.com/businessfunctions/organization/our-insights/a-case-study-in-combating-bias。

忽視和偏誤，就能凌駕於那些傾向之上。

如我先前寫的，我會想像有兩個肩上天使在人們耳邊呢喃。好天使鼓勵你更加注意微弱信號。混沌天使則表示：「那些良好、崇高的意圖困難、耗時、不實用，而且可能無關緊要。」此外，混沌天使會偷偷設下使人分神的幻覺：「一切都很好」、「你很成功，應該跟隨直覺。」

能幹的人會是明理。有個後設認知問題頗實用，即想像自己觀察著情況，並問：「一個明理的人會怎麼做？」。假若薩姆爾・瓦克斯當時如此自問，他可能會做出不同的決定。

認知限制（偏誤、謬誤、幻覺、忽視）是我們精神生活的組成元素，每個人的判斷都會受其影響。與思考夥伴進行談話可以提升對這些認知限制的意識。任何人都可以在某些時候運用後設認知的精微技巧避開認知限制。

下一章將介紹幾項對談與審議工具，它們能改善關於策略的對話的效果。我們將討論策略思考夥伴能如何幫助彼此管理自身的認知偏誤，並精進察覺與建構意義的能力。

第十二章

對談與審議

好的對談創造好的策略

Dialogue
and Deliberation

「對談是改變的最小單位」──我不曉得這是誰說的，但真希望我知道
──馬克・史托姆（Mark Storm）

　　有充分證據指出，對談往往是策略的轉捩點。比利・比恩與杉帝・艾德森的對談指向了一個非正統的邏輯，而這個邏輯後來演變為魔球策略的根基。葛斯納與丹尼・威爾斯的會晤使葛斯納「思緒像被點燃地」意識到 IBM 的未來將屬於以服務為中心的商業模式。哥倫布與弟弟之間的對談可能也激起了「航海者可以善用盛行風朝西航行，並藉著西風返航。」的洞見。

　　本章的大概念是，品質較高的對談能帶來較佳的策略。以下三個簡短的定義可作為此概念的基礎。

　　• **對談：**對談（dialogue）一詞（字源為 dia-logos，有「透過話語」之意），形容的是品質較高的對話，這種對話能使人們更深入瞭解共同利益，以及組織與組織許多利益相關者重視的特定議題。對話的最純粹形式是開放、持續、不斷擴展的思想交流。

　　• **審議：**審議建構在對談的基礎上，其重點在於做出決定（例如陪審團透過審議決定裁定有罪或無罪）。審議指的是對於手邊的證據、論點、結論、和解方進行謹慎且不匆促的思量。

　　• **一對：**一對指兩人組成的團體。本章的例子聚焦在暫時性的兩人小組（兩人大約互動十五分鐘）。雙方以各自的觀點（涵蓋個人假設、信念和選擇）進行對話，兩人輪流分享自身想法，對方只負責專注聆聽。

　　對談與審議的目標是要深化和豐富知識的交流。策略者能使用這兩項工具來偵測並解決模糊性、提升人們對策略議題的理解、倡議非正統的概念、測試非傳統作法的可行性，並促進人們對艱難決策的共識。

　　兩人小組的好處在於能夠鼓勵人們交換對策略情況的親身觀點。內向

的人通常會有高品質的想法，但不願意在人數較多的團體中分享。一對一的討論對他們來說比較簡單。此外，複雜與細緻的概念很難清楚表達，而好的聆聽者能幫助說話的人釐清自身想法。兩人小組也能避免如團體迷思或向日葵式管理等人際偏誤。

快速約會與陪審團的比喻

我帶團體時，會把兩人小組的對話解釋為「快速約會與陪審團義務的結合」。快速約會的比喻描繪的是從一個兩人組換到下一個兩人組的畫面。討論時間限制在每次十五分鐘，所以每個人都必須傳達其利益考量、信念與建議，且彼此必須仔細聆聽並盡可能地理解對方。接著各自分開，再與新夥伴組成兩人組。

陪審團義務的比喻描繪的是人們經過審議達成共識的畫面。在審議過程中，決心達成共識的人們會對事實與意涵進行辯論。因為後果重大，所以即便陪審團知道過程會將他們帶離日常軌道數小時，他們仍願意投入其中。陪審團的裁決可視為管理者對策略的共識的比喻。

繼續討論陪審團比喻。最高層的決策者（比方說總經理或總裁）就如同法庭法官，他們會設定規則並確認或駁回陪審團的裁定。法官的角色是要確認事實、質疑主張、下達命令和公開調查結果。法官也能推翻陪審團的裁定。就策略和法庭審判而言，最高層級的個體擁有最終批准權。

此外，法庭還設有負責記錄信息的人員。策略對話中也需要類似的功能，以確保能捕捉重要資訊，供未來審議之用。

陪審團比喻的弱點在於，策略往往與新奇的事物相關，而不是與前例或判例法的細微差別相關。還有另一個弱點是，法院訴訟產生的是零和結果——即不是原告勝訴，就是被告勝訴。相較之下，策略具生成性，可以有多個贏家從策略的加乘效果中獲益。無論如何，正如陪審團需要作出裁決，組織成員也需要對策略的基本要素達成共識。

將更多利益相關人納入模糊前端

我在本書中一再主張，心思敏銳的人會注意中斷，尋找微弱信號和

未來的潛力地帶，以及建構其意義的過程發生在策略的模糊前端。

在察覺過程與意義建構上付出越多努力，獲取洞見的機會就越大。因此，在可行的情況下，這些活動需要大量利益相關人的參與，包括下一代的領導者、高潛力人士，以及任何對策略有興趣的人。這是一種策略情報的群眾外包，這與提倡民眾留意恐攻徵兆的呼籲：發現可疑，隨時舉報，有異曲同工。

另一個好處是利益相關者對於組織的未來會感到更投入。他們最好能夠瞭解為何要發展自身領導力與韌性。

雖然科技確實會帶來資訊超載的風險，但能夠協助我們管理眾多微弱信號的科技正快速興起。

進行更佳策略對話的點子和訣竅

在以下段落中，我將說明幾個點子和訣竅來幫助各位準備與進行關於策略的對話。

「達成、維護、避免」技巧。以下三個問題能幫助人們釐清其目標，並讓對話維持聚焦：

- 我想達成什麼？
- 我想維護什麼？
- 我想避免什麼？ [101]

以下舉幾個你可能會想達成的事情的例子：辨認未來的潛力地帶與其意涵、向他人學習、替組織的未來成員留下堅韌的榜樣、為良好的策略做出貢獻。

維護與同事間的良好工作關係是第二個問題的好答案。

舉個你可能會想避免的事例：你可能會想避免公開敏感機密資訊，免得惹上法律麻煩。某些策略主題帶有犯罪意涵，例如財務揭露（如第

---

101. 此三問題的來源是 John Arnold, *Shooting the Executive Rapids* (New York: McGraw Hill, 1981)。

十一章中薩姆爾‧瓦克斯的情況）。其他主題則涉及民事方面，諸如商業機密、人員調動和合約協議。瞭解哪些資訊可以分享、哪些不能，總是有利無弊。

你應該要對他人的權力、名望、和地位具備敏感度。我發現人們有個沒有明說的煩惱：我所揭露的任何資訊，有可能被利用來陷另外一人於不義嗎？

詢問與倡議。詢問與倡議是最基本的對話模式。兩者彼此互補，且能拓展對談的格局。

倡議是指向他人展現自身思維模式。倡議時要提供能支持結論的證據和邏輯。以下是個倡議陳述的例子：「我認為我們的核心挑戰是我們正在困境中掙扎。外部環境已經改變了。我們忽視了自身周遭的現實，拿忙碌當作藉口。我們需要開始重整資源。」如果你的邏輯成立，你就能說服他人接受你的結論。

一般而言，相較於詢問，多數管理者較擅長於倡議。

我們可以透過詢問，瞭解對方對情況的心理模式以及所提議的行動方案。你可能猜到了，練習詢問的過程非常需要倚賴好奇心、省思、同理心，及開放的心理姿態等精微技巧。高品質的精微技巧極為實用，我們應該時常應用此問題：「你認為組織的核心挑戰是什麼？」

有時候連環式地提問會讓人感覺像被審訊。提問並不是詢問的唯一工具。舉例而言，你可以提出這個要求：「請協助我瞭解你結論背後的邏輯。」或是變化一下：「我很好奇想瞭解你的數據和邏輯。」

以開放的心態聆聽是良好詢問的關鍵。最好要展現自己願意改變心意，並對意外情況抱持開放態度。

運用策略思考地圖。另一個關於詢問與倡議的建議是檢視策略思考地圖上的地標。附錄D將有助各位辨認重要的導航信標。

文化對策略始終重要。由於營運思考往往會主導文化，你可以運用策略思考地圖，將對話導向利益，以及廣泛長遠的議題。

重述。對話最具價值的實踐之一是重述你的理解。絕不要在對話結束前還不曾進行重述。

假設你和你的兩人小組夥伴在談論組織的核心挑戰，並聚焦於客戶關係上，而她已列出若干具體例子和缺失。

以下是重述的例子：

我剛才聽你描述五筆客訴，其共同之處是我方都沒有兌現承諾。你懷疑負面的趨勢正在形成，如果忽略不處理，可能會傷害我們的品牌。你認為我們對策略核心挑戰的陳述必須納入績效低落的新常態。我是否正確理解了你擔憂的重點？

有效的對話與推論階梯。我在第九章介紹過推論階梯，並解釋說那是分析與促進洞見的工具。梯子底層代表細節與事實。中層是詮釋數據的心理推論。有時候，推論會帶來洞見。階梯的最上層代表明顯的行動，體現某項結論或信念。

你可以運用詢問和倡議在階梯上上下移動。練習詢問時，你可以請對方分享他們的數據與邏輯。練習倡議時，你或許可以說：「我想從我的數據講起，並運用推論階梯向你一步步說明我的信念。」另一個方法是從結論往下層回溯數據。

以下是向兩人小組夥伴展示你的數據和邏輯的例子：

我參觀供應商的研發實驗室時，見到他們使用一些有趣的科技。我從沒看過類似的東西。經過深思後，我覺得那項科技將能夠在根本上重塑許多產品。能應用該科技的組織將能取得重大的競爭優勢。我得出的結論是，這值得我們撥列預算進行更深入的調查。此外，我們也應該檢視我們的產品路徑圖，以釐清這項新科技的意涵。

理想而言，你的兩人小組夥伴會以詢問來拓展對話。她會進入學習模式，而不是挑毛病模式，並要求：「請告訴我更多關於細節和意涵的資訊。」

我鼓勵各位練習詢問和倡議，並佐以推論階梯，來進一步闡明你的

論點，以及瞭解對方的心理模式。[102] 同時，你會發現這種對細節的專注能幫助你發掘洞見。

假想遊戲。假想遊戲是能提升對談品質的實用練習。假想遊戲的主要目標是要擴展信念的數量，並謹慎地考量它們的意涵。這些信念可以是關於情況、核心挑戰、預期假設、主導概念，以及組織面對的抉擇。

假想遊戲的次要目標是要客觀、心胸開放地檢視那些非傳統、不熟悉、非正統，且具顛覆性的信念。

這個文字遊戲能促進一種打趣的態度。我們因為知道這是個遊戲，所以較能調節投注心力所產生的焦慮。此外，遊戲能凝聚人際關係，有助於促進彼此的尊重與信任。

開頭時，第一個人要提出某個論點的主張（對某件事的信念），並表明自己如何看待該論點的價值（該論點好或不好的理由）。以下是個實用的樣板：

我主張＿＿＿為真，而且我相信它對我們組織的影響是＿＿＿（正面或負面的）。

以下是應用此樣板的例子。想像一位柯達的管理者這麼說：

我主張，沖印紙本相片不再是可行的商業模式了，那會對我們的事業造成負面影響。

你的夥伴要對該論點做出反應。如果她同意該陳述，你們等於從「我相信」的陳述，移動到「我們相信」的陳述了。如果對方有任何不同意見，夥伴就要提出一個或更多的反面論點。

轉換到下一個兩人小組時仍要繼續這項練習。每重述一次，你看待非正統、非傳統與不嚴肅的概念的態度就會越開放。你會發現自己不再過度自信、不再忽視模糊性了。此外，人們所建構的彈性解方和策略選項會變得更具創造力。

---

102. 請見 Peter M. Senge, *The Fifth Discipline Fieldbook* (New York: Crown Business, 1994)。此書搭配例子與相關工具，以易讀的方式解釋了推論階梯。

假想遊戲有個變化型。每個人都列出論點與價值的陳述清單。兩人小組夥伴會審視該清單，並選出最難以接受的陳述，並針對它提出反面意見（如：把難以置信的事物轉化為可信的事物）或表達新的價值評斷（好的變成壞的）。這個對話可以深化對彼此的理解。請思考下列問題：

• 假設該論點為真，它對我（或我們）來說，為何是好的／理想的（或壞的／不理想的）？

• 假設該反面論點能成立，它對我（或我們）來說，為何是好的／理想的（或壞的／不理想的）？

假想遊戲能抑制你懷疑陌生概念的自然傾向。它鼓勵你辨認能把荒謬論點轉化為可行論點的條件和情況。由於你在過程中會擴展並證實你的預期假設，你會發現你的決定更具未來敏感度了

這項遊戲能輔助重新框架的精微技巧，這是激發洞見的關鍵。你需要做的就只是發揮想像力。新線索有哪些意涵？你挑戰舊有故事錨點的有效性時會出現什麼變化？

策略的結構化後端至關重要

打造策略時，最艱難的工作會出現在結構化後端中。於此，團隊需要匯聚信念、做出選擇（策略決策）、並設計運用那些選擇的方式（即配合策略決策的戰術決策）。

對談和審議對於將獨立的「我」轉化為集體的「我們」很有幫助。（我這裡談的是圖 2-1 的策略陳述書寫架構。）換言之，「我相信」（涉及利益、對情況以及核心挑戰的看法）會擴展成「我們相信」的陳述。「我選擇」的決策（涉及核心挑戰和策略決策）會凝聚為更強大的「我們選擇」的承諾。「我配合」（涉及戰術決策與計劃設計），會變得更有連貫性而成為「我們配合」的共識。建立共識是策略結構化後端中的主要任務之一。

這項任務並不簡單。組織中的人們理當會有不同意見、目標以及個人風格。此外，聰明的人會固執地合理化自身信念。他們可能會採取被動攻擊，宣稱他們同意某項策略，但實際上其實不同意，或還沒準備好

投入改變。

運用兩人小組設計對話

我喜歡以非正式的方式組織兩人小組。挑選一個與你不同的人，或許你跟對方並不熟，或許你們時常意見相左。你與兩人小組夥伴不必處於同一個管理位階，執行高層也可以與初階經理共處。

我對這個策略情況的觀點是……

我對這個策略情況的觀點是……

以下是我們倆有共識，和沒有共識的地方……

圖 12-1 在兩人小組中，兩人各自分享自身觀點並發掘彼此有共識與無共識之處。

兩人小組的第一個任務是要找一個實體空間對話十五分鐘。他們可以隨喜好或站或坐。在對話過程中，他們會針對目標問題分享個人觀點。一個能激發討論的大致樣板是：「你對 X 有什麼意見？」X 是策略思考地圖上的地標（請見附錄 D），但它們也可能包含其他主題。

　　在圖 12-1 中，兩人小組的 X 指的是觀點。兩人都各自說明自身觀點，並在對話中尋找細緻的資訊，以及有共識和無共識之處。

　　簡短、反覆的對話。起初的十五分鐘對話結束後，參與者會尋找（或被分配）新的討論夥伴。重要的是，主題「X」不變。參與者要預期在新的小組中聽到新的證據和邏輯。小組的輪替在參與者們覺得討論已不再促進共享學習時，就可以停止。

　　最終，參與者們重新集結成一大群，進行分享和討論。至此，他們應該能找到對於情況的共識，並發展出關於微弱信號以及未來潛力地帶的常識。如果願意，他們也能擴展討論範疇。此活動的用意是要加深和擴大彼此間的理解。

　　考慮設置主持人。兩人小組的好處在於能善用一對一對話的坦白性。然而，小組討論的節奏需要仰賴良好的對談管理原則。因此，應該考慮設置外部主持人來維持小組的專注與效率。

　　各位可能還記得第二章和其他章節所述，本書並不鼓勵抱負性的遠景陳述。請小心那些受到平庸的策略概念灌輸的主持人（那些概念包括書寫任務及願景聲明，以及目標的腦力激盪）。

　　另外，也請持懷疑態度看待那些承諾能讓會議變得有趣或充滿活力的人。高品質的策略仰賴對嚴肅議題的深刻思考，那往往會使團隊面對艱難、痛苦的決定。人們可能會心裡受傷、情緒高漲。策略在本質上具有模糊性，而且會引起不自在。正如我在下一章會討論到的，領導力是願意為了服務他人而感到不自在。

　　詞彙表。詞彙表是很出色的工具，對解決模糊性尤其有用。附錄

E 列出了我為幫助客戶打造策略時，提供給他們的詞彙（以講義的形式呈現）。

我在先前的章節中提過，策略性這個形容詞時常被當作重要的同義詞。策略性一詞應該要與策略連結，而不是作為修辭手段。我唯一一次破例是為了區分策略性決策與戰術性決策。

我也要提醒過各位要打造良好、強大、精明、有效、出色的策略，而不是不良、虛弱、愚蠢、無效、以及乏味的策略。雖然這些描述都是主觀性的，但是分享你對這些詞的定義將有助促進對談。

運用對話連結策略性決策與戰術性決策。若想做出決定，就必須平衡兩項張力。第一種是個人與團體間的張力。有時候，個人做決定比較好，有時候讓他人參與會比較好。第二種是集權與分權間的張力。有時由中央協調的決策比較好，有時候讓貼近問題的人做決策較適當。

任何決策者或決策團隊的目標都應該是要根據情況的獨特性做出合適的選擇。我認為貝瑞·強森（Barry Johnson）提出的五個決策類型[103]很有價值（我也教了很多人這項概念）。我會先描述這些類型，再解釋它們於策略性決策與戰術性決策的應用：

• **第一類決策：**由老闆（個人）決定並公告。擁有正式組織權力的獨裁者可以透過第一類決策有效行事，但這些決策可能會反映其對情況不精確且狹隘的判斷或個人偏好。第一類決策的優勢在於快速且有效率。然而，不喜歡這決策的經理經常會消極行事，進而弱化該決策。

決策者在做出決策前，常會思考：
- 我有誰的支持？
- 我應該獨自進行嗎？
- 我是否已考量過所有相關觀點？

103. 請見 Barry Johnson, *Polarity Management: Identifying and Managing Unsolvable Problems* (Amherst, MA: HRD Press, 1992)。

- **第二類決策**：老闆（個人）在與他人進行討論後，制定並布達決策。這類決策讓利益相關者也能提供意見，使決策者能更全面地考量相關資訊。當人們覺得自己對策略有所貢獻時，他們更會與策略保持一致性。

- **第三類決策**：在團體討論中，所有成員都根據以下定義，做出有共識的決定：「共識是指無論團體成員個人是否認同某項決策，所有成員都一致同意支持決策的執行」。共識的主要好處是，它能產生對單一方案的集體堅實支持。

共識一詞時常被誤認為是指「多數人說的算」或「不能有異議」。共識有兩個必要條件。第一，團體成員身分明確，只有成員能參與決策。第二，該團體必須同意一種可靠、可見的信號以表示同意（我喜歡豎起大拇指表示同意支持某項決策的執行。）

共識下產生的決策會有來自團體最堅實的支持，因為決策的參與過程會提升成員在執行決策時的所有者意識。然而，這類決策的缺點是，那些反對決策中較極端內容的人，會尋找妥協辦法。強大策略可能會因為政治行為而被削弱、失去焦點。

- **第四類決策**：經過討論（其過程會考量老闆的意見）後，團隊成員決定策略並把結果告訴老闆。組織聽從外部專家建言所做的策略決策，即屬於第四類決策。

- **第五類決策**：團隊成員自己做出決定後，再告知老闆。某些分權程度很高的組織會允許各經理在其自身利益領域中做決策。團隊成員僅會在彼此同意合作的情況下進行協調。

策略時常涉及做出關於該做什麼、不該做什麼的艱難決定，而集權、正式、組織性的權力運用能使策略受惠。回想第八章所言，策略決策具獨立與集權性。或許，由資訊充分的人設立目標是比較理想的。我建議

各位將第二類策略決策當作預設作法，即由受指派的掌權人做出最終決策，其他人則負責提供意見。

第二類決策之所以合適，是因為策略在本質上具模糊性，並涉及許多權力基礎、議題與意見。對談與審議是在這些因素上建構意義時所需的工具。

在某些情況中，第一類決策更適用於策略決策。或許危機出現，任何方向都可能是擺脫混亂的出路。或許情況涉及龐大賭注，或攸關原則。葛斯納不分拆 IBM 的決定即屬第一類。而他提升服務策略的決定則屬第二類，因為他有考量他人的觀點。

人們覺得第三類決策很具吸引力，因為那意味著決策受到更廣泛的支持。第三類決策適合策略性決策，也適合戰術性決策。我稍早提過這類決策的缺點，並強調過達成共識是需要時間的。

戰術性策略具分權性、且配合相對更具策略性的決定。這意味著第一線人員能運用對在地環境的脈絡知識，設計並執行戰術性策略。第一線經理往往必須將局部性利益擺在第二位，以促進企業整體的利益和成功。

第四和第五類決策最適用於涉及將策略性決策設計成專案的戰術性決策。第四類決策意味著第一線經理會先尋求資訊和建議，再做出戰略性決策。她可能會在詮釋政策時尋求協助。或者，她可能會在做出終止某項業務的痛苦決定前，先確認自己對於策略性決策的詮釋是否正確。

第五類決策的採取時機，是不需要釐清策略的時候。

關於策略的對話不能（也不應該）持續個沒完。也不該總預設是由老闆做出決策。我建議組織在展開討論之前，先決定要運用哪一類決策。

組織發展

溝通技巧依舊是組織的首要需求和優先事項。在組織為了執行戰術性決策，通力合作擬定及傳達策略的過程中，溝通尤為重要。把策略思考能力與技能整合進人才與領導力訓練計劃時，我們可以預期見到加乘效果。此外，由於環境中存在許多微弱信號，組織必須在營運中整合有

助掃描信號與建構意義的技術。

在下一章中，我將把領導力解釋為一種專門的工具，就如同策略思考也是專門的工具一般。兩者都需要勇氣、真實性（領導者與策略者都該努力做自己），以及正直（行為要符合自己所理解的真相）。兩者都源於個人觀點，而個人觀點又源於個人的獨特性、非常規性、以及個人價值。領導力能提升你的策略思考能力。

第十三章

當個非凡領導者

幫助他人活進未來

Being an Extra-ordinary Leader

我們受到感召，著手新事物、面對無人區、挺進沒人走出明顯道路、也不曾有人回返來替我們指路的森林……活進未來代表躍進未知，而那所需的勇敢程度之大，近期尋無先例——太少人有那樣的勇氣。[104]
——羅洛・梅（Rollo May）

領導力與策略在組織治理主題的書架上各佔了不少位置。不練習領導力的策略思考者只有分析者的功能而已。不進行策略思考的領導者只像個想激勵營運效率的啦啦隊員。

若說策略思考是一種個人能力，那領導力也是。我在本章著墨於小規模的個人領導力，而非組織頂層的大規模領導力。

以下是我對領導力所下的電梯演說（elevator-speech）定義（譯註：電梯演說指在短時間內推銷想法）

領導力是指選擇與現實的多元本質打交道，並有勇氣幫助他人也這麼做的能力。[105]

我發現定義領導領域（藉此區分非領導力）是很實用的作法。[106] 人們對於特定情況的評估會引導他們選擇進入或離開領導領域。我認為進入領導領域最強大的原因是利他主義——即服務他人的渴望。（其他進入領導領域的原因包括：注意到他人缺乏領導力、渴求權力、忠於事實或忠於某個機構。）

犧牲與忍受不自在

任何人都能進入領導領域，但是許多人選擇不進入，因為該領域會

---

104. 請見 Rollo May, *The Courage to Create* (New York: W.W. Norton & Company, 1975)。
105. 華倫・班尼斯（Warren Bennis），塞內卡（Seneca），丹尼爾・高曼（Dan Goleman）等人也曾提出過類似的想法。
106. 此章描述的領導力概念重述自 Susan J. Ashford and D. Scott DeRue, "Developing as a Leader: The Power of Mindful Engagement," *Organizational Dynamics* 41, no.2 (2012): 146–54。

帶來不自在的感覺。

　　領導力與策略思考的實踐很類似。兩者都涉及需耗費精力的活動：深刻地對自身與情況進行反思、注意細緻的差別、注意他人情緒的合理性、挑戰現狀，其他例子還很多。兩者都涉及非常規的説話和行為方式。

　　個人領導力和英雄冒險敘事有許多相似之處；兩者都涉及選擇離開平凡且舒適的世界，並進入特別世界，受到艱難選擇的考驗，為更大的福祉服務與犧牲。

　　人們覺得保持安逸比較輕鬆。因此，他們不看數據、愛拖延、把流程範本當作預設解方，喜歡訴諸自身的正式職權。避免領導工作往往比投身於影響他人的工作來得容易。

發揮影響力

　　在領導領域中，領導者會運用具影響力的行為（如説服他人），但不是去操弄或脅迫，而是鼓勵他人做出對自己具有長遠利益的決定。語言的力量極為強大，而熟練地運用修辭技巧能使人以更好的方式定義和追求自身利益。

　　領導者會協助他人為他們自己做決定。我發現 BALD 架構對於察覺驅動力很有幫助[107]：

　　• **連結（Bond）**：人們都希望與他人建立個人、真實、信任的關係。這些人際間的連結能在定義組織品牌（或身分）方面起很大的作用。同樣地，組織品牌也有助於定義並強化人際間的連結。

　　領導者的一項任務是要幫助他人拓展他們談話的內容範疇（對內與對外皆然）。

　　同樣地，領導者也會協助深化他人之間的關係。這會提升信任，而信任會進而成為分享資訊、建構意義、合作、韌性與創新的資產。

　　• **取得（Acquire）**：人們會追求財富、地位、名望、權力、和經驗。

---

107. 這四股力量描述於 Paul Lawrence and Nitin Nohria, *Driven: How Human Nature Shapes our Choices* (San Francisco: Jossey-Bass, 2002)。

組織能使人們取得憑一己之力所能取得的更大利益。好的策略是能聚焦並善用人們的渴望來促進組織利益的工具。

• **學習（Learn）**：人們會希望發展知識和能力。我很喜歡說組織的策略是靠學習而來的。學習活動始於策略的模糊前端，在結構化後端繼續，最後止於方案設計中。每一步都強化了個人與集體知識的基礎。

• **防衛（Defend）**：人們會規避損失，且常常付諸不成比例的手段來規避損失，即便獲利的可能性很高也如此。

談及避免損失，我會建議人們平衡痛苦與收穫的信息。一般而言，將對話導向聽者的好處，是比較好的作法。然而，那些信息的力量有時不足以改變行為。這時提及痛苦的可能性就很有用了：「如果我們不採取行動，我們就會更容易遭受擾亂並失去優勢地位。」

人們往往會反射性地防衛自己。這種反應往往源於兒時意外、犯罪事件、霸凌、藥物濫用在心底深處留下的傷疤。高階經理也無法免疫。我們最好要假定團體中有人正在經歷傷痛和恥辱。他們的防衛舉動包括躲避模糊性或有完美主義傾向。他們對新的思維採封閉態度。

策略工作有時會令人非常挫敗，而同理心這項精微技巧能有助於促進良好的工作關係。

多元面向的現實

經驗告訴我們，人們採納與詮釋事實的方式不同，所秉持的信念也不同。

現實有許多面向。現實世界很混亂，而認為只有一種真理的定義能勝出，是種理想化的想法。但為了打造良好的策略，我們必須一試。

策略思考的精微技巧大多鼓勵人們尋找、看重架構和本體：要務實、敏銳、心胸開放，並瞭解他人對自己說了什麼故事。要做好自己的真理受到挑戰的準備，也要準備好挑戰他人，尤其是正統人士。

五個對強權者說真話的技巧

領導力涉及讓人們接觸現實的新面向，而事實呈現的方式有時是未

加修飾的。「你錯了」這句話會引發防衛反應,並不令人意外。

對強權者說真話有時很危險。很多人都親身體驗過「殺死信差（shooting the messenger）」這句老話的情況。當掌權者感到驚訝、尷尬、或被反駁時,他們可能會一氣之下展開報復,這時有所聞。

‧ **技巧一**:表達你的尊敬。若要呈現逆耳的事實時,可以採納這項不難理解的建議:表達你對其個人、觀點、成就的尊敬。領導者會注重禮儀,崇尚坦白。請先表現得懇切有禮,再點出事實。

領導者在討論策略時,沒道理不管禮儀、禮節與禮貌。多數人（至少在已充分休息、平心靜氣時）會希望瞭解關於情況的事實。他們會希望溝通過程是坦白、清楚與直白的。

‧ **技巧二**:提出分享的請求。人們喜歡處於掌握中,所以在分享你的觀點前,先尋求對方的允許。「我構思了一項意見,您會有興趣聽嗎?」

‧ **技巧三**:善用形容詞。回顧第二章,我當時提過,形容詞有助於發掘有用的細微差別。別說:「你陳述的是目標,不是策略」,而要問:「你認你的策略是好的（或有效、強大、精明、細緻的）嗎?」要抱持好奇心探索答案,並企圖多向對方學習,而不是提出對方的弱點,好讓自己佔上風。

‧ **技巧四**:詢問對方的假設。人們的計劃和心理模式建立在假設的基礎上。那些假設常常使人們的觀察和推測帶有偏見。輪到你發言時,你或許會有機會倡議更優質的假設。

‧ **技巧五**:善良是必不可少的,而和善則是額外選項。

最後這項技巧可能比較說得上是一項洞見和原則,但它能幫助你更有效地與位高權重者互動。此洞見如下:

領導力是善良的實踐,但並不總是和善的實踐。

善良是透過表達對他人福祉的關懷來幫助他人。和善則是禮節與禮貌的實踐。和善的人會講其他人想聽的話。一個人可能行為和善,但拒絕揭露逆耳的真相或分享關鍵資訊這種行為並不善良。

精微技巧:勇氣

勇氣是本書介紹的二十項精微技巧的最後一項。

勇氣（courage）與膽量（bravery）不同。一名衝進火場的消防隊員具備膽量，因為她被訓練要進入危險。膽量能被訓練出來，訓練過程涉及遵從與貼合團隊規範。膽量是指把恐懼擱置一邊。

幾個世紀前，人們會用 bravery 一詞指稱美善之事，若說別人具備 bravery，就類似稱讚對方衣裝精巧。此外，在過去數百年間，courage 指涉的是「人們的思緒內容」。bravery 是身體生活的一部分，而 courage 則是精神生活的一部分。膽量的相反是懦弱；勇氣的相反是遵從。[108]

勇氣指的是即便面對焦慮仍有所作為。提升勇氣（進而提升領導力）涉及三項任務。第一項任務是要留意焦慮的存在並理解其來源、可能性，與影響。人類在危險的環境中演化，較謹慎的人才得以存活，將有危險警覺的基因遺傳給後代。現代生活的特徵是刺激更多，許多人的焦慮症都與對威脅的高度警覺有關。

在第十一章中，我曾表示，焦慮是躁動和過度活躍的心思的徵兆。諸如冥想、運動，以及在大自然中散步等安神技巧都是行之有效，且可以推薦給策略者的習慣。

第二項任務是選擇行動或不行動。如果你選擇行動，就要記得勇氣是對焦慮的釋懷。如果你選擇不行動，那是因為你感到萎靡不振，或是因某些原因而分神了？

第十章中針對觀點的討論，提供了一些檢視眼前選項的技巧。當你建構了對自身觀點的信心，你會變得更有意願做出非正統、非常規的選擇。

第三項任務是針對你所投入的物質與情感資源。我鼓勵各位回顧第六章中關於脈絡式設計以及歸納推理的討論。你做出策略決策或投身任務後，仍可保有彈性。

分離焦慮。 許多重要決策的目的都是要避免衝突，因為決策者害怕

---

108. 吉姆・海托華（Jim Hightower）以下這段話，點出了勇氣與遵從的對比：「勇氣的相反不是懦弱，而是一味遵從。即便是死魚也能順著水流動。」

失去與同儕間的連結。許多人不願意說實話是因為依賴在團體中的歸屬，他們擔心可能會被排擠或失寵。

傑瑞‧哈維（Jerry B. Harvey）提出了四個實用的自問問題[109]：

- 我想採取什麼行動？
- 什麼事使我無法採取該行動？
- 若我想做出明智和道德的行動，我需要他人什麼樣的協助？
- 我計劃採取什麼行動？

領導力是觀點與節操的誠實展現。當人們向組織管理高層尋求指導，而不是提出自己觀點時，就可能產生向日葵偏誤。

完備的觀點來自對於自身更深層價值觀的釐清。想想這個問題：面臨挑戰時，我的言行舉止是出於別人對我的期望嗎？或者是出於某個更深層的地方 ——我對根本上是非對錯的信念？

節操是指思想與言行一致。節操源於合理的觀點與道德推論。想想甘地與馬丁‧路德‧金恩的例子。他們認為法律不公，應該違抗。兩人以他人利益為重，並以公正為原則。服務他人與對正義的渴望驅使他們勇敢採取作為。

願意脫離規範。領導者會願意注意非常規、非正統且陌生的事物。有鑑於此，其他人可能會把領導者的言行視為非正統、缺乏遵從性、奇怪、不正常、缺乏生產力，甚至是背叛。

若有人用這些話說你，你會怎麼想？

非凡的領導者

組織需要非凡的領導者——尤其是有策略思考能力的領導者。我分隔非凡（Extra-ordinary）兩字是為了強調領導力是一種非平凡的實踐，

---

109. 這四個問題源自 Jerry B. Harvey, *The Abilene Paradox and Other Meditations on Management* (San Francisco: Jossey-Bass, 1988), 120。

而不是一種理所當然的權力。[110] 更具體來說，非凡的領導超越了人們對營運領導者的期望。以下這句話清楚闡釋了非凡領導的關鍵思想：

平凡的領導涉及「使已知事物更完美」，而非凡領導的首要任務則是「不苛求完美地抓住未知。」[111]

若要「不苛求完美地抓住未知」，非凡的領導者必須在已知、熟悉，且傳統的邊界外進行探索。「不苛求完美地抓住未知」這個概念反映了機運與新興事件的 X 因素，並指涉探測、實驗、失敗容忍的價值。

即興爵士音樂是個實用的比喻。爵士音樂家在聽到「錯誤」的音符（意思是音符出現在錯的音樂性脈絡中）時，那等於是個將演奏轉換到不同調性的機會。音樂家會學到如何處理並理解意料外的音符，並將音樂轉化為新的、不同的、且往往更好的作品。策略思考與這個例子的相似之處在於，兩者都涉及「因應突發事件」的藝術。

平凡的領導是指存在於營運思考地圖上的領導。平凡的領導者服務他人的方式是透過維持工作活動的和諧以及激勵他人努力進行被指派的工作。平凡領導者仰賴普通的工具，例如目標設定、優化、簡單原則、逐步改善、類別劃分、遠景想像以及計劃擬定。平凡的領導者會假定所有需要知道的事物都已知、或至少能透過豐富的文獻來源發掘。

平凡的領導者通常會滿足於逐步的改善，且可能會認為大膽改變的建議是危險、不實際或無關緊要的。

將 DICE 運用到極致。 非凡的領導者會突破平凡的極限。其中自然得重視策略思考的四個 X 因素 DICE（動力、洞見、機運、新興事件），它們能引導領導者抵達遠超於平凡的境地。

第一個 X 因素——動力（drive），是指自身與他人的野心。領導者

---

110. 我曾一度相信非凡領導者的概念是我的原創，但我後來發現雷夫・斯太西（Ralph Stacey）有頗多談論這個概念的文獻。

111. 「使已知事物更完美」之於「不苟求完美地抓住未知」的對比最早來自 Kevin Kelly, "New Rules for the New Economy," *Wired* (September 1997)，https://www.wired.com/1997/09/newrules/。

彰顯自我與尋求獎勵的動力是一項要件。領導者的野心也可能在於想幫助他人獲得成功。

洞見（insight），即策略的秘密成分，是第二項 X 因素。追求「不苟求完美地抓住未知」的過程中，領導者必須推動洞見，並瞭解那些洞見可能只是暫時性、用來創造新策略邏輯的起點。策略方面的非凡領導應該要包括在尋找微弱信號與實行重新框架時，非同尋常的努力。

第三個 X 因素是機運（chance）。非凡的領導者能察覺並擁抱風險，他們知道事件可以是威脅，也可以是機會。做出策略決策後，非凡的領導直者會努力促進成功的機會，並降低失敗的可能。這種風險管理可能包括發展更好的模型、將更多潛在事件納入考量，以及改善對可能性與影響的預測。

新興事件（emergence）這項 X 因素意味著要尋找未來的潛力地帶，並明白那些地帶可能會變得普遍，進而促進新系統的產生。與機運的 X 因素同理，多進行探測與實驗將有助於找到高品質的早期資訊，增進組織反應的敏捷度。

活進未來

下次開會時，記得注意人們的肢體語言。你很可能會發現，很多人向後靠在椅子上──他們的肢體語言顯示他們並不投入。

非凡的領導者進行決策工作時不會「向後靠」，而是會是向前挺進，這正是臉書營運長桑德伯格（Sheryl Sandberg）暢銷著作的書名《挺身而進》（Lean In）所要表達的。當一個人挺身而進時，就會創造與他人的連結，並正視外部施加與自我施加的障礙。

我們來更進一步探討這個領導概念。想想本章開頭引自羅洛·梅的話。梅寫道，我們要活進未來（live into the future）。這不是英文中常見的用語。若說某人活進某個概念，那代表她十分投入其中，不會因障礙止步。梅建議人們要大膽躍進未知。

我喜歡把非凡的領導者想成開路者，而不是找路者。通往未來沒有已知途徑。領導者必須帶上勇敢的心與留意新奇事物的雙眼挺進未來。

當別人的導師

若説領導的本質是服務他人，那麼領導者就有責任做為他人的老師、教練和導師。

高效的策略思考實屬罕見且珍貴，所以我鼓勵各位踏進領導領域，教導他人瞭解策略思考的本質、目的與範疇。你不需要提倡成立大型訓練部門，但或許可以在會議和基層實踐社群中將它納為討論主題。

有個關於指導他人的實用概念源於「領導者透過提問來領導」的原則。請把詢問問題當作是在服務被詢問者，透過這些問題幫助學習者發掘自己的答案。[112] 舉個例子：傑夫是一間高科技公司的工程師，他受到提拔，有兩個職位可供轉任。兩個職位各有優缺，而薪資相當。傑夫陷入糾結，打電話向我尋求建議。我聽完後問他：「想像自己分別在兩個新職位中，兩者最可能的前景是為何？」這個問題立刻促使傑夫產生洞見。他知道哪個職位對他較好了。傑夫就任新職位幾週後，公司進行重組，而相較於另一個職位，傑夫現在所處的職位非常有利。

幫助他人尋找到洞見可説是領導者身為教練角色最強大的貢獻之一。傑夫之所以感到糾結，是因為他的故事錨點受限於兩個職位當下各自的範疇與責任。新增未來這項錨點並探索它的意涵後，傑夫很快就意識到哪一個職位更具潛力了。

有四個精微技巧能促進你「透過詢問問題服務被詢問者」的能力。這些精微技巧有：同理心、高品質問題、歸納推理以及重新框架。同理心有助於將我們的注意力轉移到領導力上，而非只重視自身舒適度。高品質問題有助於其他人發掘他們的真相。歸納推理的假設測試技巧能促進關於實驗的討論，而實驗能揭示並確認信念。關於敘事、抽象、劃分、投射的問題能重新框架理解並激發洞見。

領導者在幫助他人發展個人韌性的精微技巧時，也等於在服務他們。

---

113. 我得知此想法的來源是 Tim Doherty, "Lessons from the Believing Game," *The Journal of the Assembly for Expanded Perspectives on Learning* 15 (2009)，https://trace.tennessee.edu/jaepl/vol15/iss1/5。

在許可文化（permission culture）中，人們的預設模式是只做明確允許的事情。他們會選擇較簡單的途徑：尋求位階較高者的指示。他們不太主動採取措施。當情況需要個人韌性時，領導者可能會問：

- 這種經歷能如何增強我學徒的觀點呢？
- 專家可能會如何因應這種情況？
- 哪裡可以找到洞見？

最後一點：以身作則是指導他人最強大的方式之一。你的言行舉止會展現你日常工作中的策略思考能力。

克服「我太忙了」的藉口

另一個領導人作為教練的概念，是要積極導正「我忙到無法策略思考」的常見藉口。

重新框架與重新定義認真工作的意義。 許多人都接受這種農業時代的定義：認真工作與否看的是工時長短。現代社會需要更好的框架。對此，高汀（Seth Godin）提出了一個有趣的框架：

認真工作與否的評斷標準是風險。認真工作的人，會把「面對不願面對的事物」當作起點，面對失敗的恐懼、出風頭的恐懼、拒絕的恐懼。認真工作是指訓練自己躍過障礙、繞過障礙、衝破障礙。完成後，隔天再來一次。[113]

對非凡的領導者來說，努力工作是指做平凡領導者不做的事。他們知道當下的犧牲是種投資。

增強目的性。 企管作者海克·布魯奇（Heike Bruch）和蘇曼德拉·戈沙爾（Sumatra Ghoshal）解釋說，組織中多數經理都處於分心（精神能量都被日常工作的強烈信號消耗掉）或不投入的狀態（他們筋疲力

---

113. 請見 Seth Godin, *Whatcha Gonna Do With That Duck? And Other Provocations,* 2006–2012 (New York: Portfolio, 2012)。

盡，工作起來半心半意），或因拖延而動彈不得。兩名作者透露，只有大約 10% 的工作者是有目的性地在工作，而有目的性的定義是，精力與專注力兩者都高於平均水平。若組織能將具目的性的員工人數提高一、兩個百分點，那該組織將會有何種景況呢？[114]

上述作者提出了一個提升目的性的兩步驟方法。第一步驟是發出（或辨認）一項挑戰。第二步驟是提供人們選擇接受或拒絕挑戰的自由。

雖然此方式屬於個人發展的活動，但它與組織策略有明顯的相似處：兩者都專注於策略思考地圖，並脫離營運思考地圖的舒適性；兩者都專注於形塑核心挑戰的一小群重要議題，並拋開對未來脈絡不再有意義的正統觀念；並做出配置組織極有限資源的艱難政策決定。

我挑戰各位成為能幹的策略思考者和非凡的領導者。選擇在你手上。

發掘精髓。這是提供給說自己太忙的人的第三個想法，靈感來自是梵谷。他給弟弟的信中寫道：「你必須明白我是如何看待藝術的。要觸及藝術的精隨需要付出時間與辛勞。我想做的事以及我所追求的目標是極困難的，但我也認為我所追求的並不過分。」

本著梵谷這番話的精神，我寫下了我對策略思考的精髓的描述：

策略思考者會願意付出時間與辛勞來發展對於策略（即她的藝術）的本質、目的與範疇的獨特觀點。策略思考的精髓在於對情況與未來導向的清晰眼光、能意識到資源有限但創意無限、願意專注於重要的議題上、努力發掘洞見、願意受到考驗、願意學習、渴望服務他人、勇於與傳統有所不同。

模糊性與領導力

我在第一章開宗明義表示，模糊性是策略一項重要但常被忽略的因素。由於領導力能輔助策略思考，最後一章很適合探討模糊性以及領導者的任務。

---

114. 請見 Heike Bruch and Sumatra Ghoshal, "Beware the Busy Manager," *Harvard Business Review* (February 2002)。

領導力的主流思維不太考量模糊性的概念。[116] 或許在平凡的環境中，人們只要支持組織流程即可。畢竟，流程的優點是能消除模糊性並創造可預測性。

由於模糊性會使人不自在，所以領導者會想減低這種痛苦，這可說是無可厚非。然而，非凡的領導者可能會將模糊性視為探索微弱信號的機會，或是建構個人韌性的機制。

至少有六項領導力練習能有助管理模糊性：

● **解開模糊性。**領導者有個選項：解開模糊性，並辨認合理的替代故事。在哥倫布的時代，「亞洲位於歐洲東邊」是個合理且最符合常識的故事（這個概念仍存留於當代語言中，英語中的 orient 便是源於古法語的東方一詞）。「亞洲位於歐洲西邊」這個替代故事，也是個合理的故事。

● **吸收模糊性。**葛斯納以不分拆 IBM 的策略決策吸收了模糊性，這消除了在混亂情勢中無法動彈的人的某些不適。

● **重新框架模糊性。**葛斯納透過重新框架來管理模糊性。在葛斯納就任的前幾個月，IBM 員工間充斥對公司未來的焦慮，當時葛斯納強化了「執行服務客戶的基本工作至關重要」的故事錨點，並削弱會引發沉思與擔憂的錨點。後來，他透過重新框架模糊性，創造了關於公司成長的主導概念，以及服務事業與電子商業的策略邏輯。

● **消除模糊性。**你可以透過定義可能會造成誤解的文字與縮寫來消除模糊性。盡量以簡白的方式說故事，並避免在簡報時故意使用深奧的文字或複雜的圖表。

---

116. 主流的領導力思維很少關注模糊性。我這句話的證據來源，包括我書架上領導力書籍的抽樣（我在這些書的索引中沒有找到任何模糊性的條目）；此外，我也尋找了亞馬遜網站上排名最高的領導書，它們也只是偶爾引用模糊性的概念；再者，我在與一些開授領導力研討會的同事的談話中，發現他們對領導者該怎麼因應模糊性，也沒有紮實的掌握。我用領導力與模糊性當關鍵字，在網路上有搜尋到少量討論模糊性的管理書，其中值得列出的有 David J. Wilkinson, *The Ambiguity Advantage: What Great Leaders are Great At* (Basingstoke, U.K.: Palgrave Macmillan, 2006), and Paul Culmsee and Kailash Awati, *The Heretic's Guide to Management: The Art of Harnessing Ambiguity* (Marsfield NSW, Australia: Heretics Guide Press, 2016).

- **善用模糊性**。另一個處理模糊性的選項是將其整合進策略中。舉例而言，比利‧比恩運用模糊性掩飾他的企圖，鼓勵對手維持其現存的平庸故事。他因為善用模糊性而更有餘裕雇用想要的人才。

- **忍受模糊性**。領導者面對模糊性的最後一個選項是忍受它。領導者必須有耐心，也要鼓勵他人有耐心。請耐住性子，別習慣性地衝動行事。雖然這看似令人不自在，但領導者有時必須靜坐在混亂中察覺信號並辨識暗藏其中的結構。

追求非凡、保持謙虛，祝好運！

我們習慣在他人踏上旅途時祝他們好運。這句話表達的是，希望對方能受機運眷顧，且能避免厄運。機運是策略的固有元素，而且與你的領導風格直接相關。

正視機運的一項好處是，你會意識到有些事物比你的自尊和意志更重要。當你保持謙虛，而不是為所欲為、自滿、自戀、傲慢，和好大喜功時，你將能提升自身領導力。研究顯示，謙虛的態度與較佳的工作表現、學術表現，以及出色的領導有關。[117] 謙虛的執行長十分難能可貴。[118]

這個問題是個有趣的開場白：你人生中曾有過好運嗎？你會發現許多人不太思索這個問題。然而，他們只消思考片刻，就能想出許多曾發生在他們身上的幸運事物：有幸被父母生下、受到學校老師的慈愛對待、在某些新興科技或藝術還沒蓬勃發展的幾年前，就已受到啟蒙。又或者，你在某一本好書中尋找到了啟發和引導。

雖然個人的努力和才能至關重要，但那些努力只是全貌的一小部分。一隻援手可能會對某人的成功產生重大影響。葛斯納是獲得獎學金才上得起大學的。比利‧比恩則是受到老闆給的關於賽伯計量學的書所啟發。

感恩的心態是非凡領導的有趣徵象。感恩的心有助提升韌性、使人

---

117. 請見 See Michael W. Austin, "Humility," *Psychology Today* (June 27, 2012). https://www.psychologytoday.com/blog/ethics-everyone/201206/humility。

118. 請見 "It's Hard to Find a Humble CEO. Here's Why," *The Conversation* (August 21, 2017). https://theconversation.com/its-hard-to-finda-humble-ceo-heres-why-81951。

更看重機會的價值，並強化與他人間的關係。當你對自身的好運充滿感恩時，你會更渴望慷慨待他人。這種「感恩轉為慷慨」的邏輯能促進非凡的領導：領導者服務他人的方式是透過幫助他們做好捕捉新興機會的準備。[119]

　　我懷著感恩之情寫下最後這些話。謝謝各位。我很榮幸、也很感激各位選擇將寶貴的時間用來瞭解本書的思想。

　　附錄將提供更多能幫助你成為能幹的策略思考者的資訊與工具，包含對VUCA 更詳細的敘述、一個策略思考宣言、策略思考地圖地標的清單、詞彙表、對策略思考二十個精微技巧的簡短描述、以及一個針對打造高效策略思考者個人品牌的討論。

---

119. 請見 Robert H. Frank, *Success and Luck: Good Fortune and the Myth of Meritocracy* (Princeton: Princeton University Press, 2016)。

附錄A

易變性、不確定性、複雜性、模糊性（VUCA）

戰爭迷霧（fog of war）一詞源於十九世紀，用以描述環境快速改變、有時混亂的特徵。而晚近，VUCA 這個縮寫則在軍事及非軍事組織中變得十分普及。

有趣的是，VUCA 概念本身就充斥模糊性，因為人們在使用此縮寫時，很少會定義四個元素各自的具體意義。此外，人們也沒有針對 VUCA 會如何影響策略的打造提出解釋。我發現個別說明 VUCA 這四個元素最好的方式，是將它們依直白程度排序（從最直白到最不直白）：易變性、不確定性、模糊性，最後是複雜系統。

易變性（volatility）：volatility 在化學領域中又可譯為揮發性。以物理化學而言，汽油從液體變為氣體（沸騰）的溫度，比水從液體變為氣體的溫度低，也就是說汽油的揮發性比水高。若你想駕車橫越全國，汽油的揮發性是件好事，但如果你在密閉空間打翻汽油，那揮發性就是壞事了。

在金融市場中，volitity 可譯為波動性，指的是趨勢的快速改變。想想此例：高科技股可能會在第一天上漲 8%，在第二天下跌 15%，在第三天上漲 10%。相較下，電力股可能在第一天上漲 0.25%，在第二天上漲 0.1%，在第三天下跌 0.15%。高科技股會被視為是波動性較高且危險的股票。

一般而言，如果你在尋找新興機會（成長），或是你正處於相對弱勢的策略位置，那麼易變性會是好事。易變性能讓策略者以低成本佔據策略性位置。策略者會接受某個選項可能變得毫無價值的風險，但此舉可能同時提升優勢潛力。

另一方面，如果你需要預測性，那易變性就不是好事。某些投資人偏好波動性較低的公共事業股。現有組織偏好規避風險，所以對他們來說，易變性意味著不可預測性。

不確定性。字典指出，uncertainty（不確定性）是一個關於未知的廣義詞彙，反義是確定性。

我發現縮小不確定性的定義是比較好的作法。我把不確定性定義為：一個可以透過明確答案揭示的未知事件，例如：

問：今天的降雨機率是多少？

答：氣象預報指出降雨機率是 50%。

建構與優化預測模型是因應不確定性的對策。將不確定性的輪廓勾勒得越清楚，預測的精準度就越高。除了氣象預測，你也可以在保險、醫療、財經、軍事、工程領域找到相關例子。

不確定性是典型風險管理的焦點，因為這種管理注重具體事件、那些事件發生的機率，以及它們若發生會有什麼影響。

模糊性。模糊的語言是能以不同方式詮釋、或根據脈絡會有不同意義的語言。

由於人們能以不同方式詮釋微弱信號的意義和可能影響，因此策略在本質上就存在模糊性。VUCA 四個元素之中，模糊性可能最令策略者感到挫折的一個。

以下問題有助於在模糊情況中建構意義：

• 問題的癥結為何？

• 我們問對問題了嗎？

• 某個背景不同的人會以不同方式定義此問題嗎？

• 若有人錯誤詮釋了情況脈絡，會發生什麼事？

• 我和他人可能犯下什麼錯誤？

複雜性與複雜系統。外行人會用複雜性一詞描述存在許多看似相關、但因果關係不明的情況。複雜性是廣義用語，意味著資訊讓人無法招架。

區別繁複系統（complicated systems）與複雜系統（complex systems）的差別反而是實用的作法。我鼓勵各位探究大衛‧史諾頓（David Snowden）稱之為克努文框架（Cynefin framework）的意義建構模型。

在繁雜系統中，專家能透過分析來理解因果關係。舉例而言，拆解再重新組裝一輛汽車就屬於繁雜系統的任務。專業知識豐富的技工（專家）能完成這項任務，但外行人沒辦法。另一個例子是心臟手術。

某些存在策略議題的環境涉及繁雜系統，如範疇高度受限的產業，這些產業可能受到了政府某套具干涉性的大規模政策或法規影響。繁雜系統的解決方案十分取決於專家的個人偏好。

複雜系統的主要特徵是新興事件，要在未來才看得出當前影響的起因。複雜系統的例子有：戰場、市場、生態系統以及組織文化。在複雜系統中，任何專家都無法給出答案，所以面對複雜系統時，較妥當的方式是組成專家小組並鼓勵成員合作，以期某個新穎的想法或實踐能作為解方

在複雜系統中，一項關鍵的策略活動是執行探測工作，這種工作旨在捕捉外部環境中的資訊。初階段的創投即為探測實踐的一例。

附錄B

策略思考的精微技巧

以下清單將大略描述本書介紹過的二十種精微技巧。（讀者可以在指定的章節中找到每種精微技巧的更多詳細資訊。）

歸納推理：觀察到某個現象後，推測其起因與後果為何的行為，類似「有根據的猜測」。歸納推理會得出可以用證據驗證的假設。（第六章）

野心：一股想為自己或他人帶來影響的動力；也是一種表達自己，以及追求目標和卓越的渴望。（第四章）

比喻推論：對物體、事件和想法之異同的想像。這是一種歸納關係和拓展創造力的工具。（第四章）

預期：辨認並運用預期假設的行為，是我們在當下思考未來的方式。預期的三個大致方法是：計畫、準備與探索。（第七章）

繪製概念地圖：繪製與使用能解釋概念關係的地圖。地圖能用於尋方向和導航。（第四章）

逆勢主義：做出與大多人相反的行為，或採納與常規相違的想法。（第五章）

勇氣：在面臨焦慮時仍有所行動的選擇。勇氣是正直和觀點的體現。勇氣的相反是遵從。（第十三章）

好奇心：一種想要瞭解他人、瞭解事情的運作方式，以及瞭解微弱信號的意義的渴望。一種進入學習模式的選擇。（第四章）

貶駁：運用想像力消除受到推崇的想法的價值和用處。將褻瀆轉為神聖、將神聖轉為褻瀆的意願。（第五章）

同理心：察覺他人心理狀態（其情緒、邏輯與企圖）的能力。

高品質問題：策略思考者會比一般人提出更多、且更好的問題。這項精微技巧是指建構並提出能揭露細節與更深層真相的問題的能力。（第六章）

後設認知：對自身知識、技能、思維的意識；對認知偏誤的意識。後設認知包含根據偏好調節思維、感覺、行為的能力。（第十一章）

開放的心理姿態：一種能接受新穎事物，並明白別人擁有不同觀點的心態，可作為進行廣泛框架的工具。（第四章）

個人韌性：個人從困境中復原，或踏進未來的能力；同義詞是恆毅力，體現於人們創造與創新的意願。（第四章）

實用主義：受實用主義引導的人會渴望透過瞭解世界運作的方式來解決問題（第四章）

省思：這項精微技巧是指，將敏銳度應用於個人經驗、價值與偏好的行為。省思是學習過程的關鍵要素。（第四章）

重新框架：一種運用想像力刪除、強化，或弱化錨點，藉此合成新框架的行為。敘事、抽象、投射、劃分是重新框架的四大概念。人們可以透過重新框架來提升發想出洞見的機會。（第九章）

敏銳度：一個人對細微資訊的專注與感悟。具敏銳度的人對微弱性號的重要性抱持同時開放與懷疑的態度。策略思考者有一顆不與情況脫節的敏銳之心。（第四章）

懷疑主義：這項精微技巧能幫助人們避免相信他人錯誤的主張，並追求真相（第四章）。

說故事：這項重要的精微技巧與領導力、洞見和文化相關。組織的策略會遵循敘事軸線，其中涉及角色、情況、張力、和衝突的解決。（第四章）

附錄C

策略思考宣言

宣言是個人或團體對自身企圖、動機與邏輯的表達。近年的《敏捷宣言》（Agile Manifesto）即為一例。這個宣言由一群軟體開發人員所發表，他們在尋找開發軟體更好的方式。然而，《敏捷宣言》是對價值的乏味陳述，舉一段內容為例：「我們重視軟體勝過文件。」

我認為激進型宣言是更有趣且更實用的工具。《美國獨立宣言》與馬丁·路德·金恩的《來自伯明罕監獄的信》即為激進型宣言的兩例。此二宣言的激進之處在於，它們都拒絕強大菁英團體的價值。我在本書中曾點出，營運思考在文化中具主導地位，擠壓了策略思考的進程。我也將貶駁的精微技巧解釋為一項挑戰現狀的技巧，並將殖民思維的實踐描述為某一文化將價值強加在其他文化上的過程。

激進型宣言有三項要素。第一項是對當下狀態的描述。第二項是宣告現狀無法被接受。第三項是呼籲重組現有組織或創造新組織。

以下是我的策略思考宣言：

許多組織都會容忍平庸的策略和策略思考概念。當這些平庸的概念指導決策和行為時，組織的相關性和未來榮景會面臨風險。良好的策略思考是組織以及其社群創造更美好未來的關鍵驅動力。這種策略思考來自心智敏銳的人，他們會專心留意自身情況的微弱信號、迎頭面對挑戰，並建構新穎、更好的邏輯來運用極有限的資源。

查拉的激進宣言公式

1918 年，達達主義藝術家崔斯坦·查拉（Tristan Tzara）提出了書寫宣言的公式：你必須想要 ABC，並強力譴責 123。此公式很直觀：列出三樣你想要的東西，以及三樣困擾你的東西。

上述宣言的第一段即為「123」，陳述對於惱人、煩人，甚至令人髮指的事物的不滿。最好把令人不悅的事物的來源與影響描述得越具體越好。如果它讓你覺得天理不容，你的觀點會更清晰。就這點而言，我認為最惱人的是策略與策略思考的平庸。

第二段描述了想要的事物，這呼應了查拉口中的 ABC，即想要的事物。

附錄 D

策略思考地圖的地標

下列策略思考地標清單有助於各位發展對策略思考更個人化的理解。我建議各位將每個地標寫在便利貼上，並排列於你的概念地圖上。

你會發現繪製概念地圖的精微技巧很有助益，對關於導航信標、引導性線索、相關性線索以及界線的討論（第四章）尤其如此。此外，你可能會發現前述關於橋梁的討論很有幫助（第五章）。請汲取你的個人經驗，想出關於這些地標的具體例子（如前言中關於有意義的學習的討論所示）。這些地標有一些也會出現在附錄 E 中。

預期假設： 描述或充實未來信念的假設。

機運： 運氣永遠是成敗的因素。機運是策略思考 X 因素的其中一項。

協調： 調整工作與資源配置來達成目標的努力。

核心挑戰： 策略的焦點，是對於「組織能試著處理的最大問題是什麼？」的回應。

創意思考： 想像新穎想法或結合想法的過程，與策略思考有相似之處——兩者都涉及突破極限的提問，以及掙脫傳統和正統思維的意願。

批判思考： 運用證據和邏輯來探求客觀事實的過程，與策略思考有相似之處——兩者都追求對事實的描述。

設計： 策略注重組織策略資源之於外部環境的適性。策略思考和設計思考有許多相似之處。

中斷、破壞： 中斷是模式中的意外改變。中斷通常是尚不明顯的微弱信號。中斷可能會導致破壞，即資源配置之於外部環境的不適性。

主導概念： 一套錨定人們的記憶與意圖的概念。我們在對比今昔時較容

易看見這種概念。在想像未來時，我們可以預期會有一系列新的、持續演變的主導概念出現（即便我們無法預測它們是什麼）。這些概念不僅能描述情況，也能表達我們對未來樣貌的基準期望。

動力：動力高的人會精力充沛、野心勃勃。動力是策略思考的 X 因素之一。

新興事件：複雜系統中會出現新穎元素，改變該系統的方向和改變速率。新興事件是策略思考的 X 因素之一。

繼承性資源：組織累積而成的策略資源。策略的繼承性資源往往會因為人們對情況鬆散且不專注的態度而被消耗，沒有被重新投資於新策略中。

道德推論：一種認知過程，涉及運用原則與邏輯來判斷在特定脈絡中的是非對錯。道德規範則是存在於營運思考地圖上的狹義規則。

演化：最初的洞見轉化為策略所經歷的改變和改善。

未來：當下之後的時間。未來的三種視野是：不久的將來（視野一，或稱 H1）、質量不同的遙遠未來（視野三，或稱 H3）、以及過渡地帶（視野二，或稱 H2）。另一個能描述未來的實用概念是約瑟夫·沃羅斯（Joseph Voros）提出的未來圓錐圖表，其涵蓋六種未來：預測的未來、很可能的未來、潛在的未來、可能的未來、荒謬的未來，以及偏好的未來。策略思考的四號支柱定義是「在未來取得成功」。未來識讀力是策略思考的三項識讀力之一。

洞見：洞見是指更好的故事的發想。重新框架的精微技巧能提升發想出洞見的機會。洞見是策略思考的 X 因素之一。

議題：需要被解決的問題，或是需要抓住的機會。

領導力：運用影響力技巧服務他人的選擇。一如營運思考地圖與策略思考地圖，領導力的概念地圖也涵蓋重要的地標，如領導區域、舒適圈、正直性、影響力、現實與服務。

有趣的事物：有某種顯著特徵的模式、異常事物以及新奇事物。有趣的事物往往是微弱信號。

關注領域（利益考量）：社會正義與環保議題是組織關注領域的例子。辨別關注領域的一個方法是，辨別組織的利益關係人有誰，以及他們對組織有何期望。

判斷識讀力：這涉及對認知限制與決策限制的意識，這些限制包括認知偏誤、謬誤、幻覺和忽視。判斷識讀力為策略思考的三個試讀力之一。

指標：與某個團體以及其所處的脈絡具相關性的測量方式。我們會在策略思考地圖上尋找能指向未來績效的主要指標。

新奇性：有趣的新事物。新奇性是針對新興情況所建構的策略的特徵。

傳承：對上一代留給下一代的物件、資源、價值與能力的關注。

細緻差異：區別相似事物的意識。

障礙：限制投入、行動，與思考的概念。鬆綁限制與消除障礙可以提升彈性。

觀點：個性與視角的總和。

探測：在複雜系統中取得早期資訊的工具。這些工具可以是實驗、問題、原型或冒險。

專案：暫時、獨特的工作追求。許多專案都是營運性的，用來優化現存的商業模式。有些專案（以及專案計劃）是策略性的，其目的是調整組織的資源，以提升對外部環境的適性。

權力：權力能使組織在核心挑戰的處理上取得進展。權力的來自於安排組織資源的權限。

重新架構：對組織資源進行重大的重新配置，這種配置涵蓋合併、收購、撤資與策略聯盟。

韌性：系統韌性是系統內部在經歷混亂後能以新形式重新浮現的能力。

個人韌性又稱恆毅力，是克服困境和焦慮的能力。

障礙：妨礙人們企圖的情況。在脈絡式設計中，障礙有助於定義解決方案空間的邊界。

善用組織規模：在先前策略已拓展組織規模的情況下，利用這個規模來提升組織流程、資源或優勢效率的能力。

策略適性：組織資源配置之於外部環境的適性。

策略資源：能提供力量的長久組織能力和資產。

策略：一種透過管理影響廣泛且長久的議題來促進組織利益的專門工具。策略識讀力是策略思考的三種識讀力之一。

系統思考：運用認知來模擬存量與流量之間關係的行為。系統思考與策略思考的相似之處在於，兩者都運用模型來理解行為以及管理性政策的影響。

微弱信號：未被廣泛察覺的事物或活動，例如：奇物、異狀、巧合。當微弱信號越來越普及、顯著，或是其重要性在意義建構過程中被察覺時，就會變成強烈信號。此外，請參見中斷、有趣的事物與新奇性的條目。

附錄E

實用詞彙

我提供下列定義給各個團體來協助其成員建構相同的語言，這並非完整的詞彙表。

回溯預測法：一項計畫技巧，首先發想一個未來狀態，接著運用想像力去描述過程狀態或步驟的順序。

商業模式：對商業元素的描述。商業模式圖（The Business Model Canvas）是描述商業模式九項元素的實用工具。

能力：人們理解情況並採取合理行動的能力。

核心挑戰：組織面臨的關鍵挑戰。挑戰一詞可以代表問題、機會，或會影響組織利益的議題。核心一詞則指出挑戰是長期成功的關鍵與根本。清楚陳述核心挑戰是打造策略的先決條件與基礎。

文化：團體共享學習下的產物。文化變遷意味著刻意忘卻所學，並學習新事物。

中斷：一種預期的改變，源自可能（或可能不會）破壞現狀的微弱信號。

新興事件：浮現於複雜系統中的新奇狀態。策略思考的 X 因素之一。

策略適性：組織商業模式之於外部環境的適性度。

策略的模糊前端：對組織的內部及外部環境進行的探測活動，這種外部環境的特徵是 VUCA（易變性、不確定性、複雜性、模糊性）。

目標：一項抱負或目的。目標與策略是兩回事。

視野一、二、三：指時間視野。視野一是短期未來。視野三是遙遠未來——現在常見的事物，屆時會變得罕見。視野二是過渡階段。

洞見：從平庸故事到更好故事的轉化，這種轉化來自故事錨點的改變（重新框架）。策略思考的四個 X 因素之一。洞見與直覺是兩回事。

個人領導力：選擇在紛雜多變的現實中拚搏，並激勵他人也這麼做。

營運思考：一種專注於在既有商業模式中維持現有事業運作的心態。這種思考重視內部營運，而非顧及全局的運籌帷幄。營運思考與策略思考形成對比。

策略計劃：透過安排資源與行動來執行已定案策略。也請見戰略性決策條目。

當下的未來潛力地帶（PoF）：一個低相關性、但有潛力在未來變得具高相關性的人事物。也請參見微弱信號。

探測：探索人們不太瞭解的空間來挖掘實用資訊的行為，過程涉及透過提出開放式問題，獲取對於組織利益和議題方面更深入的理解。

專案計劃：即專案和其他事物的集合，以專案計劃管理這個集合的好處大於管理個別專案。

策略計劃設計：達成策略決策的共識後，組織會運用資源與方針進行策略計劃設計，作為戰術性決策的依據。

微弱信號：一個不太顯著、相關性偏低、且只有少數人察覺到的物件或概念。微弱信號可能會成為強烈信號。

解套設計：尚未充分瞭解問題的脈絡與根源時就選擇解決方案的行為。

策略舉措：追求三種彼此聯結的結果，這三種結果是：1）跨越疆界的遠見或策略意圖，2）實現「策略」利益相關人注重的好處，3）組織改造。

策略思考：一種個人運用認知，辨別並組織能促進未來成功之因素的能力和實踐。

策略：1）透過管理廣泛且長遠影響的議題來促進組織利益的專門工具。

2）方法、資源、目的的整合。3）好的策略會涵蓋情況診斷、指導政策以及連貫的行動。4）足以引導所有其他選擇的最小一套選擇。

商業策略：商業策略的重點在於提供優於競爭對手的價值。

企業策略：企業策略的重點在於業務組合的選擇（即把某項業務加到業務組合中，或將業務從中剔除的行為）。

功能性策略：即內部活動的專門化，涵蓋人資、工程、生產線、製造、發展、科技等面向。

策略的結構化後端：與微弱信號的意義建構及確認核心挑戰相關的策略打造活動。

戰術性決策：必須配合「更具策略性」決策的決策。

附錄 F

創造策略思考者的個人品牌

品牌建立是積極傳達美好與價值印象的過程。個人品牌是種個人資產，但不等同於名聲（名聲是別人給的，不在我們的掌控內）。

好的策略涉及獨特資源與狀況微妙性的搭配。個人品牌與好的策略有若干相似處——兩者都涉及整合獨特資源來達成某項結果。個人品牌的元素具連貫性，並能強化卓越的信息。

下列清單提供了將「能幹的策略思考者」打造為你的個人品牌的若干建議：

• **觀點。** 如第十章所定義的，觀點是個性與視角的總和。你的個人品牌是獨特且具原創性的。請運用省思的精微技巧辨識你過去曾注意到並使用某個策略思考地圖地標的經驗，以及辨識你何時應用過各個精微技巧。要有意識地留意自己的推論和策略邏輯。要發展對於組織以及其策略的看法，並運用自身經驗的故事和例子加以強化。

最好要能預期未來會出現哪些挑戰自身觀點的問題。個人品牌不僅僅是一項抱負，而且需要證據的支撐。有誰可能會挑戰你以及你的人格和經驗？

• **社群媒體。** 我鼓勵各位在社群媒體上露面，並運用這個機會分享你對策略的各項關注。花點時間去整理你有興趣的文章和貼文，並做出周延的評論。

檢視你的追蹤者以及你追蹤的對象。他們是策略思考者嗎？

• **周延的領導。** 我建議各位建構發聲與書寫平台來展示你的研究、原創點子、批評，以及對策略與策略思考的見解。許多研討會或座談會都在尋找小組成員、演講嘉賓以及主講者。人們也有很多機會在書籍、雜誌

和部落格中撰寫相關主題的文章。

我認為在溝通時，與聽眾的交流是比創造形象還重要。（各位可以回顧本書前言中「關於作者」段落的例子。）

• **電梯演說。** 電梯演說是簡短描述你自己以及你所能提供的好處。理想而言，對方聽完後會回覆說：「我覺得非常有趣，再多講一些。」

• 回想你執行過的重要專案以及其他成就。人們對於自身成就的記憶會逐漸消失，我一再看到這種案例。許多專案都有值得分享的策略敘事和借鑑。一如上述對於觀點的評論，你可以回想並向他人描述你相關經驗中的具體例子。

• **你的履歷是否反映了你的個人品牌？** 我看過許多履歷，它們大多都很無趣，只是條列式地列出清單。換個方式，試著列出你的重大成就並說明你的策略思考能力對那些成就的貢獻。你獲得過什麼獎項？他人何時公開稱讚過你的表現？

• **日常例子。** 透過與他人的日常互動以及領導力的實踐，向他人展現你策略思考的能力。你可以展示本書討論過的二十種策略思考精微技巧。

• **書寫出差報告。** 我鼓勵各位寫下學習經驗，並與同事分享。每次參加研討會、拜訪客戶或供應商，或參與與外部利益關係人的會議時都要這麼做。

我們四周充滿微弱信號和未來潛力地帶。我們要辨認它們並思考其意涵，並在合適時提出具體建議。

為更進一步區隔你的策略思考能力，凸顯這項個人品牌，請思忖卓越營運的個人品牌所意味的訊息與承諾。由於卓越的營運思考與卓越的策略思考是兩回事，進行這種對比能有助於精進你傳達的策略思考訊息。

謝辭

任何人都需要協助才有辦法精通自身技藝。我很感激多年來教導過我以及與我合作的人,他們有些是老師、導師、同事、客戶、我的學生。人數甚多,難以明載,但我都銘記在心。

John Watson、Jack Duggal、Sue Smedinghoff、Gary Hamby、Robert Beatty、Rita Northrup、Gerald Lowe、Kristina Brown、Jeff Wolfe 與 Justin Bushko 對我的初稿,給予許多有助改善的寶貴批評和建議。特別鳴謝 Jennifer Vincent、Robert Presley 慷慨地為此書投入寶貴的時間。

圖片勝過千言萬語。感謝 Tanja Russita(圖 1-3、5-1、和 9-1)以及 Doan Trang(圖 7-1 和 12-1)繪製的圖示。他們將我無形的想法,很有創意地詮釋為具體畫面。

最後,我要感謝 Maven House Press 的 Jim Pennypacker 和 Deborah Weiss,他們在書寫、編輯和製作階段都提供了寶貴的支持和專業指引。

感謝各位!

策略思考—一種稀有又精湛的心智工作原則

HOW TO THINK STRATEGICALLY
Sharpen Your Mind, Develop Your Competency
Contribute to Success
Greg Githens

■ 葛雷格・吉森斯（Greg Githens）著
■ 田詠綸 譯

書系｜使用的書 In Action!　書號｜HA0102R
著　　者　葛雷格・吉森斯（Greg Githens）
譯　　者　田詠綸
行銷企畫　廖倚萱
業務發行　王綬晨、邱紹溢、劉文雅
總 編 輯　鄭俊平
發 行 人　蘇拾平

出　　版　大寫出版
發　　行　大雁出版基地
　　　　　www.andbooks.com.tw
　　　　　地址：新北市新店區北新路三段 207-3 號 5 樓
　　　　　電話：(02)8913-1005 傳真：(02)8913-1056
　　　　　劃撥帳號：19983379　戶名：大雁文化事業股份有限公司

二版一刷　2024 年 5 月
定　　價　420 元
版權所有・翻印必究
ISBN 978-626-7293-55-3
Printed in Taiwan・All Rights Reserved
本書如遇缺頁、購買時即破損等瑕疵，請寄回本社更換

國家圖書館出版品預行編目（CIP）資料
策略思考：一種稀有又精湛的心智工作原則／葛雷格・吉森斯（Greg Githens）著；田詠綸譯
二版｜新北市：大寫出版：大雁出版基地發行，2024.05
236 面 16*22 公分（使用的書 in Action!；HA0102R）
譯自：How to think strategically: sharpen your mind, develop your competency contribute to success.
ISBN 978-626-7293-55-3（平裝）
1.CST：策略管理　2.CST：思考
494.1　　　　　　　　　　　　　　　　　　　　113003875